U0185777

酒变

著

中国科学技术出版社
·北 京·

图书在版编目（CIP）数据

酒变 / 王为著 . -- 北京：中国科学技术出版社，
2023.4

ISBN 978-7-5046-9765-3

Ⅰ . ① 酒… Ⅱ . ① 王… Ⅲ . ① 白酒－介绍－中国
Ⅳ . ① TS262.3

中国版本图书馆 CIP 数据核字（2022）第 158021 号

策划编辑	申永刚
责任编辑	龙凤鸣
版式设计	蚂蚁设计
封面设计	马筱琨
责任校对	张晓莉
责任印制	李晓霖

出　　版	中国科学技术出版社
发　　行	中国科学技术出版社有限公司发行部
地　　址	北京市海淀区中关村南大街 16 号
邮　　编	100081
发行电话	010-62173865
传　　真	010-62173081
网　　址	http://www.cspbooks.com.cn

开　　本	880mm×1230mm　1/32
字　　数	170 千字
印　　张	8.5
版　　次	2022 年 9 月第 2 版
印　　次	2023 年 4 月第 1 次印刷
印　　刷	北京盛通印刷股份有限公司
书　　号	ISBN 978-7-5046-9765-3/TS·106
定　　价	89.00 元

◎ 纯粮白酒，盲品封测之燃烧法（火检法）

◎ 加水润粮后发芽的酱香酒酿造原料——糯高粱

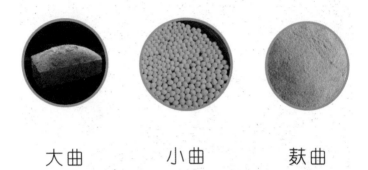

大曲　　　小曲　　　麸曲

◎ 中国白酒常见的酒曲类别

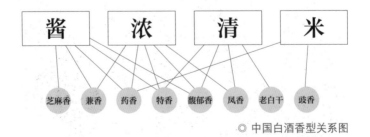

| 酱 | 浓 | 清 | 米 |

芝麻香　兼香　药香　特香　馥郁香　凤香　老白干　豉香

◎ 中国白酒香型关系图

◎ 由小麦制成，正在堆积存放备用的大曲曲块

◎ 摊晾在地上的白酒酒醅（经蒸馏取酒后留下的发酵原材料）

◎ 酱香酒酿酒工人正在往酒醅中添加曲粉

◎ 酱香酒发酵的窖池，给微生物创造适合生长代谢的环境

◎ 中国白酒固态蒸馏的设备：甑桶

◎ 中国白酒之窖藏：陶坛

◎ 中国酱香酒核心产地——贵州省遵义市仁怀市茅台镇

◎ 中国白酒饮酒酒具套装：分酒器、活瓷握杯、酒宠、闻香杯、碰杯

# 前 言

在一些酒民的心中，存在三个误会。

一、中国白酒品质不如外国酒的好。

二、中国白酒行业没落，不值得参与。

三、中国白酒市值在顶峰，不能投资。

这三个误会长期盛行，扭曲了整个酒行业的发展趋势。

在弘扬民族文化的时代，我们有必要揭开外国酒的面纱，并展现真正的中国白酒。翻开这本书，你会看到许多情节曲折跌宕、精彩纷呈的故事。

首先，你将学到一套简单实用的"盲品鉴酒法"。酒好酒坏，一鉴可知。学会了这个方法，就不会再被人轻易"忽悠"。

然后，通过深度剖析龙舌兰酒、朗姆酒、白兰地、威士忌等有代表性的外国酒，你就能明白，它们之所以在市场上比较成功，主要是因为它们的企业文化和品牌包装。

最后，通过深度解读中国白酒，你会发现其酒体品质的奥义和更深层次的内涵。借由对大趋势的理性分析，你可以解锁中国白酒产业下一个发展阶段的财富密码……

目录

开篇

酒香

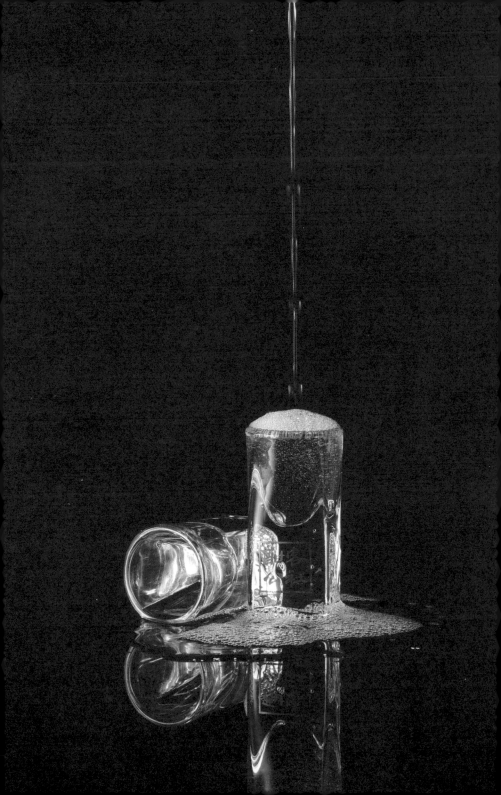

第 1 章

巷子深，酒里有乾坤

原来你一直不懂酒

我个人认为，这是一个浮躁的时代，也是一个从众的时代，很多人缺乏思考，人云亦云。

就拿喝酒这事儿来说，我们周遭长期流传着这样三个观点：

"白酒无品质，不如喝外国酒。"

"酒业太难做，未来无发展。"

"投资互联网，远离白酒行业。"

因为大家盲目跟风，这三个观点不仅误导了全国酒民的追求，还让很多人错过了很有潜力的产业和很有价值的投资机会。

原来，被那三个观点所掩盖的，竟是这样的三个真相：

"中国白酒品质优秀，酒民们多品尝中国白酒。"

"中国白酒行业潜力大，行业内的人不要悲观。"

"中国白酒回报可观，有兴趣的投资人可以投资中国白酒。"

既然真相如此，我们凭什么来证明它？换言之，面对外国酒潮流的冲击，我们凭什么坚信中国白酒的品质不输它们？面对大行其道的看空言论，我们又凭什么看好中国白酒的未来？

只用一双手，你也能鉴酒

多说无用。酒好酒坏，盲品①最牛，学会盲品，我们一鉴便知。

提及盲品，很多人会认为它特别专业、特别高深，只有出色的鉴酒师才能完成。其实不然，如今的鉴酒行业鱼龙混杂，讲真话的人才值得敬佩。

可能有这样的鉴酒师，他顶着闪耀的头衔，穿着奢侈品牌服装，出入于各大名酒鉴赏会和发布会。他的惯常套路是啜一口眼前的酒，从色、香、味、形等方面进行一番点评，最终模仿诗人的样子赞美某个品牌的酒。

他真的很懂酒吗？未必。如果深究某些鉴酒师的身份，你就会发现他可能是某个贸易公司的经理或代理人，身上背负着一项营销任务。

一旦你对品鉴结果有疑问，这类鉴酒师往往会用两个理由搪塞你：第一，鉴酒需要丰富的经验累积，很多道理只可意会不可言传；第二，酒的品类众多，各种酒的标准都不一样，很难统一概括，只能由专业人士评判。

说实话，我向来不喜欢这种故弄玄虚的手段，尤其针对酒。

---

① 盲品，把酒标或酒瓶蒙上，让品尝者仅靠品尝判断酒的质量。

酒变

其实，酒并非玄奥之物，不少酒，我们都可自己鉴别，而且无须品尝，只需要用你的一双手。

没错，很方便、很有效的鉴酒工具就是我们的双手。使用手搓鉴酒法，不仅可以鉴别酒的真伪，还可评判酒的优劣。最重要的是，这种评判可以跨品类进行，让中国白酒直接和外国酒进行比较。

首先是鉴别酒的真伪。

将双手洗干净后，在手心倒入少量待鉴别的酒，用最快的速度搓手，直至手心发热、变干；接着，闻一闻手心的味道。如果手心有刺鼻的化学品的味道，那就说明此酒由化学试剂勾兑而成，是假酒或劣质酒，请不要饮用。如果手心有粮食发酵的酸味，那就说明此酒由粮食或水果等发酵制成，品质较高。有些酒有食用酒精勾兑成分，但比例较低不好发现。

为什么可以凭搓手后的酸味儿来判定此酒真伪？

道理很简单。酒的主要成分包含醇和酸类物质，而醇（主要是乙醇，即酒精）的味道刺激强烈，容易掩盖其他物质的味道。搓手发热使沸点低的乙醇挥发出去，粮食发酵产生的特有酸味就出现了。

酒中的酸类物质主要包含乙酸和乳酸等。其中，乙酸是酒中含量最多的酸，其酸味可以给人带来愉悦感；乳酸则能够让酒体浓厚，且有益于人体的健康。由于这种复杂的酸味很难由工业酒精勾兑得出，因此我们可以据此来鉴定酒的真伪。

手搓鉴～

手搓鉴酒法不需要太～传过，却未被广泛应用，实为一种遗憾。

其次是评判酒的优劣。～ 只需依靠你的嗅觉。

我曾利用手搓鉴酒法做过多次～遵义市仁怀市茅台镇的茅台酒，对比五种较～用产于我国贵州省～外国酒，分别是威士忌、白兰地、伏特加、朗姆酒和龙舌兰酒（酒～购了正规渠道，理论上不存在假酒）。

手搓后，我国茅台酒可闻到酸味儿，并略带麦香，而五种外国酒几乎闻不出什么味道，十分寡淡。于是，我得出了这样的结论：我国酱香酒富含乙酸和乳酸等酸类物质，而五种外国酒中酸类物质含量相对较少，主要是刺激强烈的醇类物质。也可以说，中国酱酒层次更丰富，口感浓厚，而五种外国酒的成分更接近酒精，口感单一。

"不对啊，我手搓威士忌后闻到了很浓的焦糖味，手搓白兰地还闻到了果汁味，非常香。"

我向他人推荐手搓鉴酒法后，常常得到如此反馈。这时，我会建议他们看看酒瓶包装上的配料表。手搓后香气逼人的外国酒，其配料中一定含有焦糖、果汁或香精等增香物质，因为酒本身香度不够，需要添加其他物质来增香。

除了增香，这些添加的物质还能起到一个作用——增稠。因为外国酒本身味道层次单一，需要利用这些浓郁的芳香物质使其变得更浓厚。

燃烧带给你酒的真知

除了手搓鉴酒法，还……看起来更刺激的盲品方法——火检法。

你只需准备……干净的敞口玻璃容器，把待鉴别的酒倒入其中并小心点燃。你……轻轻晃动玻璃容器，让酒与氧气充分接触，如此，有助……酒的燃烧。

待火焰熄灭后，粮食发酵制成的酒会散发出粮食发酵的酸香味，而食用酒精勾兑的酒会散发出刺鼻的气味，可凭此来鉴别酒的优劣。同样，我用燃烧鉴酒法进行了多次跨品类鉴酒，用我国茅台酒对比五种最知名的外国酒，分别是威士忌、白兰地、伏特加、朗姆酒和龙舌兰酒。结果呢？与手搓鉴酒法的结果一致：我国茅台酒有浓郁麦香，而五种外国酒气味寡淡。

这两种盲品方法的结果之所以一致，是因为二者有相同的原理：尽可能去掉味道刺激的乙醇，留下更容易通过嗅觉鉴别的物质。你只要嗅觉正常，熟悉各种粮食和水果等的味道，就可以进行跨品类鉴酒，得出的结论比那些所谓的鉴酒师还靠谱。

中国酱酒远胜外国酒。显然，我得出的是一个具有颠覆性的结论，想必有人认为其检验过程存在偶然因素，毕竟外国酒在我国流行了很长时间，要说外国酒整体在某些方面不如中国白酒，总会让一些人难以接受。

为了扭转这种惯性思维，我们必须深挖盲品的原理。

喝酒与第一推动力

找到事物的本质，戳中问题的要害，你就成了专家。

万物如此，酒亦如此。

你是否注意到，近年来开电动汽车的人越来越多。除了我国政府对新能源消费的倡导，大家选择电动汽车的重要理由是它比燃油汽车动力更足、起步更快。

电动汽车比燃油汽车动力更足的根本原因是两者的工作原理不同。电动汽车的动力由电磁感应产生，随着电流在磁场中流动，电机可以实现完整时段的加速做功，令车速连续提升。至于燃油汽车，当汽油被点燃后，升温的汽油推动气缸运动。在此过程中，燃油发动机要排出废气并吸入新鲜空气。这时，做功过程就会暂时中断，影响燃油汽车的提速效率。

第一推动力是一种典型的方法论，出自古希腊哲学家亚里士多德。早在 2000 多年前，亚里士多德就将第一推动力定义为"事物被认知的第一根本"。理论上讲，第一推动力要求我们对事物进行层层深入挖掘，直至揭开本质。电动汽车之所以比燃油汽车动力足，其第一推动力就来自电磁感应。

其实在 2016 年，我国互联网行业曾广泛讨论过第一推动力。借由第一推动力，大家通过互联网产品的本质推导出其价值，进而得出结论：互联网产品要满足用户需求，提高用户体验并降低换用成本。时至今日，它仍是互联网企业的一条经营宗旨。

酒变

第一推动力不仅存在于各个行业，还存在于我们生活中，比如"去餐厅吃饭，什么菜不能点"这个问题。根据我的经验，很多时候在外点餐应尽量避开肉丸类菜品。要知道，肉丸虽小，"水"却很深。一个个肉丸看起来很诱人，可谁也不知道它们到底包含什么原料、所用肉的肉质是否新鲜，因为它们早已面目全非。

可见，生活中的每一件小事情都有其本质。虽然道理浅显易懂，但我们要真正应用第一推动力并非易事，因为事物的本质具有隐蔽性，我们稍不留神就会忽视它。

想应用第一推动力，我们需要克服当今社会的通病——浮躁和从众。

浮躁的人不愿深究问题，习惯按固有思想办事。从众的人则人云亦云，别人说什么东西好用，就跟着买；别人说什么酒好喝，就跟着喝。如此浮躁和从众，连第一推动力都发现不了，更别谈应用了。

"当你有一把锤子时，你会把一切视为钉子。"这是美国社会心理学家亚伯拉罕·马斯洛曾说的一句话。学会独立思考和决策，无异于拥有一把可以实践的锤子，这把锤子正是第一推动力。

会用第一推动力来阐释盲品结论，是懂酒之人应该学习的。

酒的五味杂陈

酒离不开五大类物质，分别是酸、酯、醇、醛、酮。只有这五大类物质混合在一起，才能构成酒的五味杂陈。

酸——欢愉正始

酸，就是我们使用手搓鉴酒法和燃烧鉴酒法后留下的主要物质，也是鉴别酒优劣的重要参考物质。酸类物质是酒的口感来源。相比外国酒，中国白酒的乙酸含量最高，而乙酸的酸味能使人产生愉快感。此外，中国白酒还富含其他有机酸，其中的乳酸可以使酒体浓厚。

酯——丰腴之美

酯对酒体和味道均有影响。适量的酯可以使酒厚重、利口。很多酒民喝酒时喜欢用花生米当下酒菜，这正是因为花生富含油脂，而油脂是酯的一种，可以提升饮酒快感。

实际上，优质酒喝起来会有肥润之感，就如我国文学家沈从文先生所言，真正的好酒品尝起来十分肥美，以至无须什么下酒菜。

要说哪种酒的酯含量最高，我敢肯定非中国白酒莫属，理由就在这制酒原料中。

中国白酒的原料是粮食（主要是高粱、大米、糯米、小麦和玉米等），容易在制酒过程中产生酯，而外国酒的原料是水果等，而不是粮食，发酵过程中产生的酯较少。因此，某些外国酒喝起来干烈、苦涩，需要添加其他物质来增强质感，除了前文中提及的焦糖、果汁和香精，各类人工合成的酯也成为制酒过程中的重要添加剂。众所周知，长期摄入添加剂有害健康，喝酒时我们还是要选择天然酯含量高的酒。

酒变

醇——挑逗神经

醇是酒最主要的组成部分，也是重要的口味来源，特别是乙醇。初次饮用中国白酒的人，喝下第一口时往往表情狰狞，脱口而出两个字："真辣！"

醇是制酒原料发酵后的主要产物，味道刺激且有灼烧感。由于它具有刺激性，导致很多酒民不愿让酒在口中停留，直接一口闷到肚子里。民间有句谚语："囫囵吞枣，食而不知其味。"囫囵吞枣式地喝酒根本不能品出酒的美味，更不能品出酒的好坏，纯粹是为了喝酒而喝酒。

醛——过犹不及

醛是酒的另一个辣味来源。要知道，极微量的乙醛即可形成辣味。醛之于酒是很微妙的存在，醛太多会让酒变苦，还会影响酒民们的健康，然而无醛不成酒。

其实，醛类物质是原料发酵的中间产物，适量的醛可以丰富酒的香味，且对人体健康无害。想要拥有合适的醛含量，只需让酒实现完全发酵。我们常见的窖藏做法，其目的就是使酒持续发酵，去除多余的醛。

酮——暗香浮动

酮虽然在酒中含量比较少，却能为酒助香。

在真正的好酒中，酸、酯、醇、醛、酮这五大类物质缺一不可，并且它们的含量要达到最适宜的比例，方可口感好、不伤身。

总之，中国白酒品质突出的一个重要因素就是原料占优。使用粮食制酒，容易产生更多酸类和酯类物质，令中国白酒浓香、醇厚。

多样的制酒工艺

"酒香不怕巷子深"，说的是好酒能散发酒香，可传到很远的地方。

好酒确实有一种自然香气，这种香气是令人舒适的。顶级的好酒，可以空杯留香长达三天。

这种酒香源自制酒过程中必不可少的微生物。制酒时，微生物将原料分解成酸、酯、醇、醛、酮等物质。这些物质各有不同的香气，以适当的比例混合后，它们的混合物将会产生令人陶醉的香气。

不同品类的酒，原料和制酒方式各不相同，所用的微生物也不相同，导致酒的状态和感官特征均有差异，酒之优劣由此而来。

可见，原料和制酒方式，是各种酒之间拉开品质差距的关键。

若以制酒方式来划分，则全世界的酒可分为三类：酿造酒、蒸馏酒和配制酒。简单来说，酿造酒属于自然发酵；蒸馏酒则在自然发酵的基础上需要蒸馏技术，凝结着人类的智慧与创造力，属于目前世界上最高等级的酒；配制酒则属于人工调制酒，通常以酿造酒、蒸馏酒或者食用酒精为基酒。

1. 酿造酒

酿造酒的制酒工艺最简单，几乎不用人工干预，纯靠自然发酵。因此,酿造酒的度数普遍较低,缺少纯粹的酒质。也可以说,酿造酒是人类基础劳动的产物,从工业角度划分属于等级最低的酒。

如今,很多人喜欢在家自制葡萄酒。他们将葡萄简单处理后加适量酵母进行密封,然后等待其自然发酵,这就是典型的酿造酒。

既然自制葡萄酒属于酿造酒,那么那些动辄上千元或上万元的法国葡萄酒呢?

答案是一样的。实际上,包括部分较有名的红酒在内的许多葡萄酒,酿造过程都十分简单。通常,酒厂会选择口感粗涩的葡萄为原料,因为它们纤维素含量更高,有利于自然发酵。然后,酒厂工人将葡萄进行榨汁处理。

请注意,国外某些地区的酒厂酿制葡萄酒有三个操作传统。

第一,葡萄不洗直接处理,因为葡萄皮上有一层白霜,含有葡萄分泌的糖醇类物质,可以帮助发酵。

第二,为了防止葡萄过度发酵影响酒质,制酒过程中要添加二氧化硫。实际上,二氧化硫正是防腐剂的主要成分,经常摄入二氧化硫会导致人的脸色暗黄,还会引起脱发。

第三,葡萄榨汁在以前不用机械,而是光脚踩。这种做法是因为以前没有机械。这是欧洲庆祝葡萄丰收的传统仪式,一直为当地人津津乐道。通过光脚踩,葡萄的菌群更多样、更活跃,葡萄酒的味道更有层次。

当你手举高脚杯，细细品味一杯来自国外的葡萄酒时，你会不会思索一下，这葡萄到底是怎样酿造的。

2. 蒸馏酒

蒸馏酒拥有人对自然发酵赋予的最大程度升华的内涵，说它是最高等级的酒也丝毫不为过。

在制酒过程中，人们将发酵后的原料通过蒸馏技术提取出高纯度酒液。可以说，蒸馏技术在人类制酒史上有着划时代的意义。正因蒸馏技术的应用，度数较高的烈酒出现了，酒民追求愉悦的需求才得到了满足。至今享誉世界的名酒主要为蒸馏酒，如威士忌、白兰地、伏特加、朗姆酒、龙舌兰酒和中国白酒等。

3. 配制酒

配制酒的特点主要在于调味。配制酒的基酒可以是酿造酒、蒸馏酒，甚至是食用酒精，再辅以香料、果汁或者药材进行配制。欧洲各国都大量制造配制酒，如开胃酒、起泡酒、果酒等，我国的药酒也属于配制酒。

通常，配制酒入不了资深酒民的眼，他们看不上其品质。

通过手搓鉴酒法和燃烧鉴酒法得出的结论，加之第一推动力，我认为蒸馏酒是世界最高等级的酒。在最高等级的酒中，中国白酒使用人类赖以生存的粮食为原料，品质独特。

如此优质的中国白酒，却长期面对某些外国酒的强力竞争，产业发展道路充满艰辛。

酒民们，难道还不起身来一场变革吗？

上篇。

了解酒，才
能找到好酒

第 2 章

酒民大扫盲

认识中国白酒

你的味蕾不会骗你，但认知会。一切改变，源自认知。

国人推崇外国酒，中国白酒难走出国门，这还要从 1901 年说起……

1901 年，日本摄影师小川一真来华进行拍摄活动。从北京到河北，再到山西，热爱东方建筑的小川一真，被这里遍地的古代建筑所震撼，一路行进，他拍摄了包括紫禁城在内的诸多古迹。

或许小川一真没有预想到，他拍摄的一些紫禁城的影像资料，会成为当代人研究中国古代建筑的重要史料。同时，他在记录宏伟古代建筑身影的同时，还记录了一段屈辱的历史。

1900 年，八国联军攻破北京，进入紫禁城，软弱的清政府被迫签订《辛丑条约》，包括日本在内的八国联军可在北京至山海关的铁路沿线驻军，小川一真得此机会来华拍摄。

列强入侵引发了民族危机。随着通商口岸完全敞开，"洋货"

大举销往国内，国民越来越崇尚"洋货"，其中就包括大量外国酒。梁启超先生写了《中国积弱溯源论》，提出中国积弱的根源在于国民意识和爱国心的薄弱。

1917年，日本商人内山完造在上海开了一家书店，取名内山书店。熟悉内山完造的人或许不多，他的一位中国挚友却是家喻户晓的人物，这位人物就是我国近代文学家鲁迅先生。

很遗憾鲁迅先生已不在了，如果鲁迅先生能喝到当代的顶级中国白酒，定会欣赏中国白酒清澈的酒质，享受中国白酒香馥的气味，品味中国白酒醇厚的口感，相信鲁迅先生的笔下应该会活跃着很多中国白酒的因子。

同样遗憾的是，在中国本地酒越来越好的今天，一些人依然在神化外国酒，这样的人难免让自己错失爱上中国好酒的机会。

外国酒比中国酒好，这恐怕是某些人对酒的最大误会。

酒并非人类发明，而是大自然的馈赠

消除某些人对酒的误会，进行一场关于酒的变革，我要用两个故事为酒民扫盲。一个故事是关于世界名酒的，另一个故事是关于中国白酒的。

关于世界名酒的故事，就从酒的发明者开始。

举杯酣畅饮酒时，你可曾想过一个问题：谁发明了酒？

东西方关于酒的起源存在着分歧。

酒变

在西方，人们坚信酒起源于古希腊和古埃及。有些学识的人谈起酒时，通常会把古希腊神话中的一位人物挂在嘴边，他就是狄俄尼索斯。他是奥林匹斯十二主神之一，掌管宇宙间与酒有关的一切事物，包括万物生命。

在西方，关于酒起源于古埃及的说法，更得到了实物佐证。考古学家曾在尼罗河河谷地带的埃及古墓中发现大量盛放液体的土罐类陪葬物品，并考证出其用来盛放葡萄酒或油，而古墓中的浮雕则展示古埃及人栽培、采收葡萄，酿制和饮用葡萄酒的情景。

在东方，人们更认定酒起源于中国。"何以解忧，唯有杜康"，某中国白酒品牌的这句广告语在 20 世纪 90 年代流传很广，甚至家喻户晓，并为广大百姓普及了一位大人物——杜康。这句广告语源自魏武帝曹操的《短歌行》："慨当以慷，忧思难忘；何以解忧？唯有杜康。"在诗中，曹操直接将杜康比作酒，说明早在东汉、曹魏时期，杜康就成为酒的代言人。

杜康为何成为酒的代言人？《史记》给了我们答案：杜康是夏朝国君，相传是他发现了酿酒原理，于是被尊称为酿酒祖师爷。

其实我们没必要去纠结酒到底起源于哪个地区。关于酒的起源，东西方的诠释之所以如此对立，完全是因为人们拥有不同的文化归属。毕竟，在东西方文明的基因中，酒均处于相当重要的位置。酒的起源作为东西方古老文明起源的一部分，每一个传说都值得尊重。

查阅史料可见，人类制酒的历史可以追溯至距今 9000 年前。

我认为，很久之前的人类，或许在数万年前，就懂得从发酵的野果中获取酒。当野果成熟落地后，野生酵母菌就会消耗其糖分，由此产生酒，其酒精含量通常可达 4%~5%，与啤酒浓度相当。偶然间，史前人类品尝到了落地发酵的野果，瞬间被奇妙的味道和微醺的愉悦所折服。此后，人类开始寻找落地发酵的野果，并有意囤积野果，通过发酵而获得酒。

因此，我更相信这样一种说法：酒并非由人类发明，而是属于大自然的馈赠。人类，只是发现、利用并歌颂了酒而已。

发现酒，让人类体会到了精神层面的刺激。正因人类具有发明和使用工具、追求精神刺激的特质，才会在此后漫长的岁月中代代相传，不断改进制酒方法，只为寻得一杯好酒。不论东西方，酒已然成为各自文明的重要组成部分，且蕴含着博大精深的文化内涵。

伴随人类行走至今，酒早已融入人类社会。从古时的祭祀、征战、丰收，到现代的节庆、洽谈、消遣，从国家间的交往到行业间的切磋，从企业间的合作到人与人之间的沟通，酒扮演了重要的媒介角色。

小小的一杯酒，连接的是人与人，构成的是整个社会。

人类爱酒源自愉悦的本能

"幸福是什么？"

酒变

每当被问及这个问题，我总会说："幸福就是享受你在合理限度内所能承受的刺激。"

这"能承受的刺激"，就包括喝酒。

从糖果到汽水，一个懵懂的孩童成长为活力少年；从汽水到酒，一个活力少年蜕变为睿智成人。

阅历丰富的人总抱怨自己记性太好，因为记住了太多不愉快的事。这时，酒成了最佳的"麻醉剂"，可以带给人愉悦，让人暂时忘掉辛酸苦楚。爱上喝酒，在一定程度上出于人追求愉悦之本能。

爱上喝酒本无错，但凡事不能过量。否则，酒就从天使变成了魔鬼。

酗酒闹事，有碍社会安定，必须惩戒。然而，酗酒闹事之人的本性不一定是恶，他们只是落入了酒精的陷阱，当了酒精的俘虏，伤害了家人朋友，免不了受到道德谴责和法律惩戒。因此，世界上不少国家都曾出台过禁酒令，目的就是消除酗酒。除了因宗教信仰不饮酒的国家，能成功执行禁酒令的国家寥寥无几，因为酒民对酒的追求无法被禁止。

从科学角度看，酗酒完全不同于饮酒，是一种酒精依赖症，需要治疗。

不知你是否注意到，很多酗酒之人都容易喝到劣质酒，这些劣质酒主要由食用酒精勾兑而成，简单粗暴地满足了酗酒之人对酒精的依赖。

众所周知，劣质酒对人体有极大的损害。早在 2002 年，世界卫生组织就发布了一项癌症监控报告，指出"要重视饮食，关注酒精在致癌中的作用"，提醒人们酒精可能会致癌。过度饮酒，尤其是酗酒，可能导致酒精中毒，严重损害健康。

酗酒之人若有机会品尝一下高级酒，就可深刻体会直达内心的愉悦。这种愉悦绝非如食用酒精勾兑酒所带来的精神麻痹那般消极。如果全世界的酒民都有机会喝高级酒，那么酗酒闹事的情况或将少一些吧。

最高等级的酒工艺

想喝个明白，我们就要再把酒分出三六九等。

"蒸馏酒是世界最高等级的酒"，根据我得出的这个看法，对高等级酒的关注自然就落在蒸馏酒上。

相比酿造酒，蒸馏酒在制造工艺上增加了蒸馏等工序，从而有了质的飞跃。关于蒸馏酒的起源，东西方亦存在分歧，各执一词。

蒸馏酒的核心在于蒸馏器的使用，而东西方均有悠久的蒸馏器使用历史。根据现有考古证据，古希腊人曾用蒸馏器加工香料，而我国出土的东汉时期的蒸馏器，经验证可以蒸馏出酒。即便这样，目前尚无人能证明这些古老的蒸馏器曾用于制酒，自然没有公认的证据表明蒸馏酒到底源自哪里。

在现代制酒工艺中，蒸馏器的构造很复杂，原理却很简单：

酒变

因为酒精的沸点低于水，通过加热发酵好的酒醅，就可实现酒的分离；当温度达到酒精的沸点后，酒精化为气体上浮进入冷凝器，经过冷却后就成为蒸馏酒。

老一辈酒民对"烧锅酒"都不陌生，这是一种非常朴素又接地气的酒。以前，我国多地农村都有自制烧锅酒的习惯。喝过农家烧锅酒的人都知道，这种酒虽然劲儿大，但不辣嗓子，多喝一点不会醉，第二天也不会头疼。

这种烧锅酒在理论上属于可安全饮用的酒，至少没有人工添加剂，不会伤害身体，而且原料均来自粮食，营养丰富。其实，烧锅酒的制酒应用了蒸馏原理。通常，农人会将高粱、小麦、玉米等蒸熟，进行发酵处理。发酵完成后，将其放在锅里加热，并通过简易的引流管和冷凝设备完成蒸馏过程。当然，讲究一些的农人会把蒸馏好的酒进行窖藏，去除酒中多余的醛，积攒陈香。

虽说这烧锅酒是用蒸馏原理制成的粮食酒，比酿造酒高级，却不能代表蒸馏酒。因为蒸馏酒是一项产业，有严格的工艺和质量标准。除了原料、酵母、发酵、蒸馏、窖藏标准，还需要勾调。

即使在标准工艺下制成酒，每批次的质量也难以保持一致，必须通过勾调来统一口味、去除杂质、协调香味，从而稳定质量，达到品牌标准。勾调绝不是简单的勾兑，而是用不同的基酒进行组合调味，平衡酒体，取长补短。

勾调是需要匠心的技术活。

因此，原料、酵母、发酵、蒸馏、窖藏和勾调，构成了蒸馏酒的六要素。评判蒸馏酒的优劣，主要就以这六个要素去衡量。

目前，世界知名的六大蒸馏酒包括威士忌、白兰地、伏特加、龙舌兰酒、朗姆酒、中国白酒。能够透彻了解并品评这六大蒸馏酒，我们就可通晓蒸馏酒的世界，成为一名较资深的酒民。

第 3 章

酒界的『妖』——龙舌兰酒

"大菠萝"的诱惑

龙舌兰酒是酒界的"妖",有"酒中爱马仕"之称。顶级龙舌兰酒的单价曾超过千万元,简直就是站在了金字塔的顶端。龙舌兰酒在国内一些小众群体中颇有人缘。不少鸡尾酒都以龙舌兰酒为基酒,很受广大女士欢迎。

不过,龙舌兰酒究竟好在哪里?龙舌兰酒为什么如此贵?

我们找到这两个问题的答案时,关于龙舌兰酒的一切疑问就水落石出了。

品评蒸馏酒,从原料开始。

龙舌兰酒原产于墨西哥,被誉为墨西哥的国酒,并由其原料龙舌兰而得名。

其实,龙舌兰是一种植物。当它出现在你眼前时,你会认为这是一只绿色的巨型豪猪,一身粗壮的叶子如钢剑一般坚硬。如果将它中部和下部的叶子割掉,呈现在你眼前的就是龙舌兰的果实,犹如一个放大了百倍的绿色菠萝。的确,龙舌兰果实的体形非常庞大，通常可以超过 50 千克。目前存在一种说法，龙舌兰果实是世界上最大的果实。

墨西哥所在的中美洲大地广袤而干旱，是龙舌兰最为理想的生存环境。或许是为了应对过于恶劣的自然环境，龙舌兰为自己塑造了一身钢筋铁骨。想要获取龙舌兰的果实，你需要像墨西哥种植园的作业人员一样，将砍刀挥起，运用强大的臂力把长出地面的宽大叶子砍下。然后，你需要换一把大铲子，铆足劲儿将铲子插入果实根部的土壤，方能将长于地下重达 50 千克的果实挖出。请注意，要完成上述整个过程，你需要彰显出彪悍的一面。可见，龙舌兰的采摘很费体力，对人力要求较高。在规模化种植龙舌兰的墨西哥，采摘果实的作业人员通常为彪形大汉。

早在百年前，我国就引进种植了龙舌兰。因叶片宽大，造型呈现出一种威武有力的延伸感，且适应力较强，龙舌兰常被作为绿化观赏植物。2005 年前后，龙舌兰被热炒，很多人将其种植在居室或办公地。

不过，龙舌兰在我国只具有观赏功能，不能用来吃或酿酒。即便在墨西哥，龙舌兰也只用来酿酒，不能食用。之所以没人吃龙舌兰，是因为其口感太差，而且叶子含有剧毒。

记得多年前，我在上海某西餐厅点餐时发现，菜单上赫然写着"油炸龙舌兰"，便毫不犹豫点了这道菜。待菜上桌，只见偌大的盘子中央，窝着一块小蛋糕，不见龙舌兰的身影。一经询问才知，所谓的"油炸龙舌兰"只是用蛋糕浸泡龙舌兰酒，然后油炸而成。原来，这只是巧用了龙舌兰酒的名字啊。

就是这样一种生长在荒漠、收割很费力、果实不能吃、叶子有毒的植物，居然能够酿出世界上最贵的酒。原来，酿造龙舌兰酒所需的只是其汁液中的糖分。通常，龙舌兰生长时间越久，果实越大，糖分就越高。

龙舌兰的生长过程十分漫长。种下一株龙舌兰，我们至少要等八至十年才能收获果实。通常，注重品质的酒厂会等龙舌兰生长十二年，让其充分积累糖分后才收割酿酒。

龙舌兰酒的金贵，难道就是因为原料收获不易吗？莫非龙舌兰酒的酿造工艺有独特之处，能把这样一种看似平庸的植物推上"神坛"？

这让人十分好奇……

奇葩喝法掩盖了什么？

龙舌兰酒该怎么喝？一些所谓的品酒师会给你演示这样的步骤：

第一步，准备一杯龙舌兰酒、适量的食盐和新鲜的柠檬片；

第二步，把食盐撒在手背虎口处，把柠檬片夹在无名指和中指之间；

第三步，先舔一下虎口上的盐，再把龙舌兰酒一饮而尽，最后咬一口手指间的柠檬片。

潇洒地完成以上步骤后，品酒师还要昂起下巴，严肃地提醒你："以上步骤需要一气呵成，只有这样才能品尝到龙舌兰酒的真正滋味。"

如果有人在我面前这样卖弄的话，我会当即提出一个关键问题："品酒，品的是酒之原味。这样左一口食盐，右一口柠檬，岂不串味？"

之所以发明这种奇葩喝法，就是要利用食盐和柠檬的强烈味道压制龙舌兰酒的本味。说到食盐和柠檬，二者的相遇确实能产生奇妙的反应。在我国两广地区有一种常见零食，就是用盐腌制柠檬，其主要作用就是杀菌消炎、去除口腔异味。也就是说，龙舌兰酒的本味应该不佳，以至于需要食盐和柠檬的强烈碰撞去掩盖。

龙舌兰酒属于烈酒，直接喝会呛口，而且口感很涩，就像吃了没有泡过盐水的菠萝，所以才需要盐和柠檬来调和。就是这种品尝起来需要遮味儿的酒，居然火遍了全球。

实际上，土生土长的墨西哥人喝龙舌兰酒绝对不会搭配什么食盐和柠檬，就是纯粹喝原味，正所谓"一方水土养一方人"，他们就如老北京人钟爱豆汁儿的特殊味道一样，无须在意别人是否接受。要知道，重口味的墨西哥人除了喜食玉米制品，还喜欢吃仙人掌，经此练就了非同一般的舌头，方能爱上龙舌兰酒强烈的生涩感。

天神的恩赐

人对于本土的文化和事物都有一种与生俱来的认同，墨西哥人亦不例外。墨西哥这里曾是美洲大陆的古文明中心之一，印第安人是这里的原住民，曾创造了灿烂的玛雅文明和阿兹特克文明。和其他文明古国一样，这里也饱受战争、侵略、殖民的摧残，曾被西班牙、法国等欧洲列强占领。

2018 年，有一位著名的墨西哥小说家与世长辞，他就是费尔南多·德尔帕索。

费尔南多·德尔帕索曾于 1987 年出版了一部风靡文学界的小说《帝国轶闻》。这部小说用全景方式讲述了墨西哥第二帝国（法国扶持建立）的历史及其皇帝的悲惨命运，展示了 19 世纪中叶墨西哥的社会场景。费尔南多·德尔帕索在这部小说中使用了大量的欧洲宫廷名词，可见当时的墨西哥就已经被严重欧化。

在建立了自己的国家后，墨西哥人竭尽全力找回濒临消失的印第安文化。于是龙舌兰酒成为墨西哥人，尤其是印第安人后裔们精神传承的载体。在墨西哥当地流传着这样的传说：天神掌管风雨雷电，在向大地传输雷电时，劈开了生长在山坡上的龙舌兰，流出了琼浆玉露。印第安人品尝到了这天神的恩赐之后，创造出了龙舌兰酒。

没有科学依据的传说，却为龙舌兰酒赋予了如天地般伟大的气质。

印第安人自古以来崇拜天神，在诸多玛雅神话中，世间一切文明均由天神给予。豪爽而粗犷的印第安人后裔们，当然愿意传承这天神的恩赐。

现有考古成果证明，印第安人很早就发现了酒的发酵原理。由于产量有限的玉米和棕榈要保证食用供给，糖分较高但不好吃的龙舌兰自然就成为酿酒原料。酿造方法并不复杂，将龙舌兰榨汁后静置几天即可。最初，龙舌兰酒被用于宗教活动，供祭司们与天神沟通，其实这只是让祭司们喝醉了产生幻觉而作法。

当地人还有一种说法：出于对天神的虔诚敬畏，印第安人在获取龙舌兰酒后会朝其吐口水，再进行酿造，因为口水中的酵母菌会和植物中的淀粉反应，有助于产生酒精。

利用酵母菌的做法固然聪明，但用口水酿酒不知是否是真事。

可以说，龙舌兰酒的基因中糅合了信仰、生命等元素，甚至包含了残忍和痛苦的记忆，以至于老墨西哥人会无条件钟情它的浓烈与生涩。

尽管龙舌兰酒承载着墨西哥先民的记忆，但我仍忍不住要"打击"一下墨西哥的朋友，其实他们现在所喝的龙舌兰酒，与古印第安人酿造的龙舌兰酒有着天壤之别。

是的，随着历史的演化，龙舌兰酒的发酵过程发生了本质改变。这一切，还要从西班牙人的入侵说起。

从替代品到国酒

追根溯源，让龙舌兰酒发生本质改变的人，正是家喻户晓的大航海家克里斯托弗·哥伦布。

自哥伦布发现美洲大陆后，欧洲人看中了这片广袤的土地，随即开始进行占领和掠夺。尽管数量众多的印第安人顽强反抗，但因武装落后，无法抵抗技术领先的欧洲人。1521 年，西班牙人占领特诺奇蒂特兰城，在此进行大规模的屠杀和掠夺，随后带来了经济、文化、风俗，乃至人种结构方面的改变。

因隔着广阔的大西洋，在殖民当地的初期，西班牙人无法大量携带物资，只能自力更生。西班牙人嗜酒，尤其喜爱葡萄酒和各种欧洲烈酒。为了满足饮酒需求，他们需要在当地寻找酿酒原料，制造出品质过关的酒。后来，西班牙人发现了印第安人酿制的龙舌兰酒，渐渐意识到龙舌兰可能是这里最适合酿酒的原料。然而，印第安人的酿酒方式非常原始，几近于自然发酵，度数很低，无法满足西班牙人对烈酒的渴求。于是，西班牙人尝试将欧洲蒸馏技术运用在龙舌兰的制酒过程中，从而提升酒精含量。

经过蒸馏的龙舌兰酒清澈而浓烈，很符合欧洲人的口味，一度被西班牙人视为欧洲酒的替代品。

到了两百多年后的 1810 年，一些殖民地开始发动反抗西班牙人的独立战争，历经多年奋战终于在后来获得独立。除了发展经济，独立后，墨西哥人还努力搜索并发扬祖先的文化，龙舌兰酒自然成为集文化价值与商业价值于一体的首选。因此，墨西哥人不遗余力地宣传龙舌兰酒，早在1893年，就将龙舌兰酒推上了芝加哥世界博览会。借助1968年举办奥运会的契机，墨西哥人让全世界认识了龙舌兰酒。

龙舌兰酒小有名气后，墨西哥政府开始有计划地对其加以保护，尤其在品类规范和原料标准方面，强化产地标识。

今天市面上可见的龙舌兰酒主要分白色和金色两类。白色龙舌兰酒酒体清澈如白酒，包装朴实无华，味道干烈苦涩。尽管口感不佳，却保留了墨西哥人对民族酒文化的自豪感。

至于金色龙舌兰酒，则添加了调色与调味料，如橡木萃取液等，使其从外观到口感都接近欧洲酒。在我看来，这既是墨西哥人为了迎合欧洲和美国市场的需要，也是因为他们自身已经欧化了。

它是如何变"妖"的？

回看龙舌兰酒爬到酒界塔尖的路，仿佛看见一个人经历了巨大的变革。

独立后的很长一段时期内，墨西哥人在欧洲人心中是野蛮落后的，就连隔壁的美国人也不会正视他们。

第二次世界大战后，欧洲和美国曾一度面临物资短缺难题，葡萄酒和欧洲烈酒供应严重不足，价格低廉的龙舌兰酒就成为美国不富裕酒民的首选，因此顺利进入美国。不过，印第安人在当时仍被视为农奴的代表，他们所酿造的龙舌兰酒自然属于廉价酒，很难进入欧洲和美国的上层社会。

墨西哥政府未能为龙舌兰酒成功塑造品牌价值，美国的平民文化却为龙舌兰酒赋予了另一种灵魂。

自 20 世纪 60 年代开始，龙舌兰酒在美国平民中扎根很深，其中不乏享誉世界的演员和摇滚乐手。美国导演兼演员乔治·克鲁尼是奥斯卡常客，他的《急诊室的故事》和《十一罗汉》等作品在我国广为人知。乔治·克鲁尼 20 世纪 60 年代出生于美国中东部的一个中产家庭，是一位龙舌兰酒爱好者，他在出名后大力推广龙舌兰酒，还创立了自己的龙舌兰酒品牌。

此外，美国的诸多出自重金属乐队的乐手，大都出身于平民家庭。他们不受传统文化约束，喜欢通过饮用龙舌兰酒获得创作灵感。随着美国电影和摇滚乐向全世界输出，龙舌兰酒终于迎来了华丽的转身。

实际上，混合食盐和柠檬片的喝法正由美国人发明，因为美国人习惯用盐去中和难以接受的味道。后来，热衷于调酒的美国人想到了一种高雅的喝法：在精致的鸡尾酒杯边缘抹上一层食盐，倒入龙舌兰酒，再加入柠檬汁，最后在酒杯上放一片新鲜柠檬。于是，龙舌兰酒在视觉上便呈现出一种朦胧美，喝酒的人可以抿一口酒杯边缘的食盐，避免了舔手这种粗鄙行为。

喝法的改变，让龙舌兰酒开始走向主流鸡尾酒行列，而上述喝法，正来自大名鼎鼎的鸡尾酒——玛格丽特。据说，发明玛格丽特的美国人简·杜雷萨有一位墨西哥籍女友，名字就叫玛格丽特，她在一次意外中不幸身亡。为了纪念女友，他发明了这款鸡尾酒。他认为，食盐可以代表泪水的结晶，柠檬可以代表内心的酸楚，龙舌兰酒则代表了女友的家乡，从而为这款鸡尾酒赋予了故事。

于是，龙舌兰酒很快就被广大女士接受，尤其是在与男性约会时，她们更愿意点一杯玛格丽特，来显示自己有品位、懂爱情。

在 20 世纪 90 年代，派对文化成为欧美年轻人的潮流，龙舌兰酒充当了媒介主角。

随着受众越来越广泛，商家们开始琢磨如何提高龙舌兰酒的利润。除了将酒瓶设计得越来越奢华，商家们还推出了一系列以龙舌兰酒为基酒的各色鸡尾酒，通常搭配橙汁、石榴汁等女性喜爱的饮料。当然，食盐仍必不可少。经过比较精心的调配，这些鸡尾酒往往呈现出梦幻般的颜色，异常"性感妖娆"，令人浮想联翩。

于是，龙舌兰酒被活生生地改造成了女士喜爱的饮品。

"来"不逢时

在很多欧美电影中，每当男女主角的关系得到进一步发展时，演员台词中就会提及龙舌兰酒。仿佛，龙舌兰酒已经成为感情的催化剂。

酒变

随着我国与欧美国家的交流越来越深入，龙舌兰酒逐渐通过各种文艺作品进入我国民众的视野，追赶潮流的国内年轻人开始尝试饮用龙舌兰酒。不过，我国外国酒市场长期都被葡萄酒、威士忌和白兰地占据，留给龙舌兰酒的空间就不太大了。

2008年金融危机后，欧美国家经济遭受重创，影响了墨西哥龙舌兰酒的销量。由于龙舌兰酒属于重要创汇商品，墨西哥政府将目光投向了中国市场。自2009年起，墨西哥政府加强对华文化交流，并计划在未来几年中促使中国龙舌兰酒进口量快速增长。此后十年间，墨西哥政府硬是搞了一场耐力十足的持久战，该国主要酒商纷纷加紧布局中国市场，派驻经验丰富的品牌大使，扩大在华代理商队伍，力争覆盖中国主要的酒吧和零售市场。

确定了规模发展的计划后，墨西哥酒商为龙舌兰酒进行了潮流化的包装，试图融入我国年轻群体的生活，并试图引领年轻群体的品位潮流。在策略上，酒商将龙舌兰酒定义为给生活增添趣味的饮品，力争成为酒民们聚会的首选。

这套打法如果能在20世纪90年代初施展，或能为龙舌兰酒在我国打下一片阵地，但在2008年金融危机后才开始，着实让龙舌兰酒错过了我国改革开放后最猛烈的一波外国酒热潮。

其实，龙舌兰酒的主要喝法是调配成鸡尾酒，所用配方多为各种果汁、沙冰和柠檬等。

说到鸡尾酒，我个人并不欣赏，因为它失去了酒本身的味道。在我看来，爱喝鸡尾酒的人，绝不能算酒民。就像有人执着于拍照打卡所谓的网红美食一样，他们并不知道，真正懂得生活的人，已经走在追寻食物本味的路上了。

正所谓"大羹不和"，对于真正优秀的食材，大厨们会少添加作料，尽量留存原味。需要添加浓重调料的食物，多是因为本味有瑕疵，需要被掩盖。酒同样如此，若连本味都不愿示人，可见并不完美。

一个人若长期喝调制的鸡尾酒，恐怕不容易换口味了。

第 4 章

杰克船长最爱的
朗姆酒

酒变

朗姆酒

　　如果你是一名 17 世纪的商船船长，并肩负着加勒比海航线的任务，那你可是当之无愧的勇者。要知道，17 世纪的加勒比海遍布如恶魔一般的海盗，尤其是"黑胡子"。

　　黑胡子号称加勒比海最臭名昭著的大海盗，他不仅抢劫商船，还攻击军队，活脱脱一个亡命徒。一旦落入黑胡子之手，你的商船不仅要被劫掠一空，你和你的船员还要命归大海。如果黑胡子当天心情好，可能会逼迫你带着船员跳海；如果心情不好，可能会把你折磨致死。

　　黑胡子之所以被称为黑胡子，是因为他长了一脸浓密的黑胡子，有时还会编成小辫儿，十分凶悍。恐怕黑胡子都没有想到，他本人的形象居然被代代相传，甚至还出现在了 300 年后的电影中。

　　这部电影就是风靡全球的《加勒比海盗》。它是迪士尼最成功的系列影片之一，自 2003 年至 2017 年共上映五部，将加勒比海盗的形象牢牢刻在了人们心中。其中，黑胡子出现在第四部，是女主角的父亲，在剧中形象凶残，令人不寒而栗。

给观众留下深刻印象的，还有整天醉醺醺的杰克船长和船员们。影片中的船员和海盗几乎整日都在对饮朗姆酒。这让观众感到好奇：船上的朗姆酒该有多好喝，让这些见过大风大浪的人如此上瘾。

《加勒比海盗》真实还原了大航海时代的诸多细节，还将海盗、冒险等元素渲染得淋漓尽致，在全世界掀起了一股加勒比风潮，并让朗姆酒名扬天下。有人调侃道，迪士尼是不是收了酒商的高昂赞助费？

那么，杰克船长最爱的朗姆酒究竟是什么滋味？又有何独特之处？

外来的甘蔗

朗姆酒是以甘蔗为原料，通过发酵和蒸馏之后得到的蒸馏酒。

在实际操作中，绝大部分酒厂会用榨汁后的甘蔗渣来酿制，一来成本低，二来渣滓富含粗纤维，有助于发酵。

和龙舌兰酒一样，朗姆酒也是美洲大陆的特产。然而，朗姆酒可不像龙舌兰酒一般拥有确切的发源地和历史传说，倒像个来路不明的人。

朗姆酒源自何处？主流观点集中于两种说法。第一种说法是欧洲的塞浦路斯，因为有史料称，那里的人们在 13 世纪就用甘蔗渣发酵，并利用蒸馏技术制成烈酒；第二种说法是加勒比地区的巴巴多斯，同样有史料可证明该地有用甘蔗制作烈酒的传统。

我更相信第二种说法，因为欧洲的气候并不适宜大规模种植甘蔗，欧洲人主要从蜂蜜中获取糖分。有数据表明，16 世纪的欧洲人年均糖摄入量不足 500 克。在如此艰苦的条件下，塞浦路斯不太可能用珍贵的甘蔗制酒。

反观加勒比所在的中美洲，正是全球最适合大量种植甘蔗的地区。随着哥伦布发现美洲大陆，西班牙、葡萄牙和英国陆续对美洲实行殖民统治，并将甘蔗引进种植。此后，欧洲人在加勒比地区开拓了无数甘蔗种植园，将制成的蔗糖通过加勒比海航线源源不断地运往欧洲宫廷。

尽管有了蔗糖供应源，但当时的航海技术并不发达，运力有限，蔗糖在欧洲仍属于稀罕物，塞浦路斯不太可能用珍贵的蔗糖来制酒。至于巴巴多斯，本来就是甘蔗主产区，制糖后剩下的大量甘蔗渣，正好可以用来制酒。

在口感上，据说早期的朗姆酒非常浓烈，味道呛口，难以下咽，还会引发宿醉，人送外号"鬼见愁"。于是，这种酒成为囊中羞涩的穷人专属，有钱人根本不屑于喝它。

其实，欧洲并不是甘蔗的原产地，甘蔗是借由丝绸之路从东方传入。作为甘蔗原产地之一的中国，很早就有用甘蔗制酒的记载。早在西汉时，甘蔗汁就被用来酿酒，在当时称其为"金浆酒"。这比哥伦布发现美洲早了至少 1500 年。对于"金浆酒"之

"金"字，有人说是源于黄金，为了凸显酒的珍贵，可实际上，黄金在西汉不算是特别稀有的珍宝，至多算是高价值货币。我倒认为，"金"字反映了酒的颜色。当时的甘蔗酒颜色金黄，说明其属于酿造酒。

到了西晋时，甘蔗酒已经十分流行。众所周知，当时经济发达、物质丰富，当朝的文学家张载曾赋诗"江南都蔗，张掖丰柿"，描述的就是当时江南盛产甘蔗。

因此，朗姆酒属于多点起源，无确切发源地，以致有酒商打出了这样的广告语——"有甘蔗的地方，就有朗姆酒"。

叛乱之酒

为什么称这种由甘蔗渣制成的蒸馏酒为"朗姆酒"？

有这样一种传说，下面我们一起来看看。

朗姆酒的英文名是"Rum"，它源自一个古老的词"Rumbullion"，意为"造反叛乱"。

话说欧洲人殖民美洲后，便开启了一波又一波的掠夺和杀戮，加之欧洲人把天花病毒带到了美洲，导致印第安人数量锐减，劳动力严重不足。为了满足大量种植园的劳力需求，一些种植园主从非洲运来大量黑奴作为劳动力。

黑奴体格棒、力气大，干活很高效，只要包吃包住即可。另外，一些黑奴嗜酒，尤其喜爱欧洲人的威士忌和白兰地。可这些

酒变

欧洲酒在美洲大地上显得格外珍贵，欧洲人舍不得给他们喝，只能给他们喝当地的甘蔗酒。

过了一段时间，某些嗜酒的黑奴开始心生不满，经常在酒后借着酒劲闹事，要求欧洲人提供好酒。经过一番折腾，欧洲人没有答应黑奴的要求，只是加大了对他们的甘蔗酒供应量。

黑奴们喝了更多的甘蔗酒后，闹事更频繁了，以致欧洲人还要专门部署人力进行镇压。索性，欧洲人就用"Rumbullion"来命名这种甘蔗酒，简称"Rum"。

后来，朗姆酒有了规模化的生产线，主要分布在加勒比和北美地区。有史料记载，第一家朗姆酒蒸馏厂建于1664年的纽约斯塔顿岛。此时，朗姆酒的制酒工艺得到改进，但效果不明显，整体酒质仍很粗糙，只能游走于下层群众市场。

辛酸的浪漫

朗姆酒虽然没有确切的起源地，但有一个很明确的标签——海盗之酒。

到了17世纪，朗姆酒在美洲实现了大规模量产，并迅速占据了中低端市场，尤其受到海盗群体的钟爱。

大航海是整个17世纪的主旋律。加勒比海成为欧洲人进出美洲的必经之路，数不清的财宝物资由美洲运往欧洲，还有带着淘金任务的欧洲人到美洲寻梦。一时间，加勒比海成为聚宝盆，吸引了大批海盗盘踞于此。

在极富质感的木帆船上，升起霸气的海盗旗，和桀骜不驯的船长一起在惊涛骇浪中搏杀，夜晚坐在船头遥望星空，在美人的陪伴下喝着朗姆酒……按照影片《加勒比海盗》所呈现的画面，海盗们过的是一种史诗般的浪漫生活。

事实上，海盗的日常充满危险和艰苦。当年有句俗话："为玩乐而出海的人，会把游览地狱当作消遣，但以海为生的人，却在经历真正的地狱。"海盗们终日在海上漂泊，面临着瞬息万变的天气，需要轮流值班放哨，睡眠时间一般不超过六小时。如果深夜遭遇风浪，他们会被叫醒然后赤脚跑上甲板拼命牵拉绳索，就像风雨中飘摇的稻草。由于加勒比海地处热带，海盗们总被灼热的阳光晒得浑身皮肤通红，布满水疱。

至于船舱，条件远比我们想象的更简陋。17世纪海盗所乘的是木质大帆船，舱内狭窄、阴暗、潮湿，根本不可能有好环境，于是海盗们只能终日窝在肮脏的环境中，更谈不上吃新鲜食物了。

为了生存，海盗们还要在抢夺中奋力厮杀，时刻与流血、感染相伴，身心遭受着巨大煎熬。这时，廉价朗姆酒成为最好的良药。一方面，酒精浓度高的朗姆酒可以为变质的饮用水消毒，还可以防治感冒等疾病；另一方面，朗姆酒可以给海盗带来刺激作用，从而提高作战能力。另外，海盗是过惯了苦日子的人，从小就喝朗姆酒，那里面有他们最熟悉的味道。行走海上，朗姆酒可以一解乡愁，消解寂寞。

于是，朗姆酒成为海盗的必备品，与海盗们一同盘踞于加勒比海。每当海盗大声怒吼时，总能散发出强烈的朗姆酒气。渐渐地，海盗为朗姆酒赋予了一种野性、嚣张、反叛的精神气质。

纳尔逊之血

由于美洲大地很适宜甘蔗生长，甘蔗一经种植，便像疯了一般狂长。随着各地甘蔗持续大丰收，制糖业和制酒业在 17—18 世纪成为美洲的经济支柱。越来越多的欧洲平民开始踏上美洲大地，期望能干一番大事业。当然，大部分人混得并不好，喝不起价格高的威士忌和白兰地，只能用廉价的朗姆酒来过把瘾。

大航海时代，人人为了生存而拼命，欧洲人亦不例外。对于在外征战的欧洲海军而言，其面对的环境之险恶不亚于海盗。于是，为出海官兵配酒成为欧洲海军的一项传统，尤其是殖民地遍布世界各地的英国。

当时，作为老牌资本主义国家，英国在海军管理制度上遥遥领先。早在 17 世纪，英国海军就制定了严格的后勤保障制度，并细化到伙食供应标准。为了能打胜仗，当年的英国海军可以获得牛肉、谷物面包、黄油饼干、奶酪等富含热量的食物。只不过，当时世界上没有食物保鲜技术，上船的肉类都被腌制成易于保存的"僵尸肉"，面包和饼干则制作得黝黑干硬。

看来，英国海军的日子比海盗强不了太多，充其量武器更精良一些、蛋白质更丰富一些，但若真遇到敢于肉搏的敌军和海盗，依然是打不过的。于是，酒成了英国海军的重要配备物资。最初，英国海军的配给是王室钦点的白兰地。可能考虑到成本问题，到了17世纪，白兰地改成了朗姆酒。

此后，朗姆酒陪伴英国海军长达数百年之久。

相比海盗的粗鄙饮酒方式，英国人更讲究一些。按照英国海军的传统，每日饮酒都要配以固定的祝酒词，这为朗姆酒带来了前所未有的仪式感。

或许是对一些人酗酒闹事早有耳闻，英国海军的配给朗姆酒中都添加了柠檬汁，一来可以降低酒精度数，防止酗酒；二来可以为官兵补充维生素。

征战是大航海时代的另一个重要特征。历史上，英国曾多次与其他强国交战，1805年的英法海战就是之一。在那场惨烈无比的海战中，纳尔逊率领英国海军大胜法国，连不可一世的拿破仑都被迫改变战略。于是，纳尔逊被视为英国战神，只不过他本人在战斗时中弹身亡，无法活着享受这个殊荣。为将纳尔逊的遗体运回国，官兵们决定将其浸泡在朗姆酒酒桶中。

当护送纳尔逊遗体的船队回到英国后，人们迫不及待地打开酒桶。桶内的景象让众人大吃一惊。纳尔逊的遗体还在，桶里的朗姆酒却涓滴未剩。原来，在运送纳尔逊遗体回国途中，官兵们按捺不住酒瘾，在酒桶上打洞取酒喝。为了给自己偷酒冠以崇高的理由，他们声称这是浸染过战神遗志的圣酒，饮下此酒，可表达对战神的崇敬和缅怀。朗姆酒由此得了个"纳尔逊之血"的称号。

在英国海军的队伍里走了一遭后，朗姆酒又被冠上了一种英雄气质，简直成了真男人的标配。不过，英国人对待这种烈酒可不像海盗一样对瓶儿吹，而是用勾兑的方式去饮用它。

将朗姆酒用水稀释后，再加上糖和肉桂，这种别有一番风味的喝法正是由英国海军发明的。我猜测，后来一系列以朗姆酒为基酒的鸡尾酒，包括风靡世界的"莫吉托"，都应该源于此。说到底，欧洲人还是不适应朗姆酒粗暴浓烈的本味。

到了 1970 年，英国决定停止为官兵配给朗姆酒。这在当时引起轩然大波，下议院还曾就朗姆酒的配给问题进行激烈的争论，史称"朗姆酒大辩论"。最终，朗姆酒的配给还是被终止了，这让许多官兵心痛不已，大家将终止的那一天称为"黑色酒杯日"。

这一段历史太刻骨铭心，由此还催生了一个朗姆酒品牌。它的外包装极具英伦皇室特色，其间的蓝色海军元素还彰显了一种霸气。它号称百分百还原了当年英国海军所喝的朗姆酒味道，只不过，"纳尔逊之血"的味道是注定无法还原了。

西餐界的"料酒"

1862 年，朗姆酒正式登上了古巴的舞台。这一年，百加得这一烈酒品牌在古巴诞生。此后的 150 多年间，该品牌一直霸占朗姆酒市场的头把交椅，至今仍是全球知名的烈酒品牌。

百加得最著名的是商标上的果蝠标志，据说该图案的设计者是品牌创始人唐·法昆多·百加得·马索的妻子，灵感源自时常飞舞在酒厂里的果蝠。

百加得能够流行，主要是因为它对朗姆酒进行了彻头彻尾的改造，在原蒸馏的基础上增加了窖藏和勾调流程。实际上，这是将朗姆酒欧化的途径。经过橡木桶窖藏，朗姆酒获得了木香，再经勾调，丰富了口味。

第一次世界大战后，美洲的地缘格局发生变化，美国开始崛起，与昔日的欧洲列强们平起平坐。当时，古巴和波多黎各等地尚属西班牙殖民地。为了争夺这些富庶地区的利益，美国向西班牙发动了战争。

美国士兵登陆古巴后，对这里的朗姆酒产生了兴趣。他们将随身携带的可口可乐倒入朗姆酒中，再投入一片柠檬，得到了一种混合口感。看来，大大咧咧的美国人也不适应朗姆酒的浓烈味道。

到了 20 世纪 50 年代，多点起源的朗姆酒在美洲多点开花，各地品牌争斗不断，始终没有形成合力，未能诞生享誉世界的高端品牌。至今，朗姆酒在全球的零售价普遍不高。虽然某品牌曾联合英国珠宝商推出超级奢华的珠宝限量版朗姆酒，但只落了个有价无市的尴尬结果。如今，朗姆酒被广泛应用在西餐烹饪和西点烘焙中，简直是西餐中的"料酒"。

在欧洲人和美国人的影响下，朗姆酒的形象变得"精致"而"谨慎"。为了迎合不同人的口味需求，朗姆酒生产商高价开发出两种品类：以产自古巴和波多黎各的浅色无甜味朗姆酒为代表，适合调制鸡尾酒；以产自牙买加的金色辛辣朗姆酒为代表，符合重口味酒民的喜好。

无论如何，朗姆酒酒商们都应该感谢两位美国人。第一位是作家海明威。他十分热爱加勒比地区的人文、自然，以及朗姆酒；他生命中三分之二的时光在此停留，称这里的一切给了他灵感，从而帮他著成《老人与海》。因为海明威的影响，我国不少文艺青年认识了朗姆酒。

第二位美国人正是《加勒比海盗》的导演戈尔·维宾斯基。没有想到，他能将《加勒比海盗》拍成喜剧色彩浓郁的影片，具有独特的风格，从而走红全世界。如果他把海盗故事拍成了一部纯粹的动作片或爱情片，或许其影片就没这么高的流传度，朗姆酒恐怕不会在短短几年间就名扬全球。

第 5 章

草根变凤凰的威士忌

威士忌

在手搓鉴酒法中，威士忌、龙舌兰酒和朗姆酒散发出相似的味道，说明这三种酒的酸类物质相对较少，主要含有刺激浓烈的醇类物质。在实际品尝时，这三种酒所呈现的口感也有相似之处。对外国酒接触较少的人，在盲品时甚至难以区分它们。

龙舌兰酒和朗姆酒，美洲的这两大蒸馏酒确实缺乏自信。面向世界时，它们总会刻意隐藏自己的原始基因，裹上一身欧式礼服，将自己伪装成欧洲酒的样子。

对它们影响最深的欧洲酒就是威士忌，特别是后者的窖藏、勾调和酒瓶设计。

龙舌兰酒和朗姆酒都借鉴了威士忌的做法，在窖藏环节，广泛采用橡木桶，用以增香提味。

在勾调环节，蜂蜜味、烟熏味、香草味……各种刺激味觉的香味添加剂被勾入酒中，俘获了不少女士的芳心。

到了酒瓶设计环节，龙舌兰酒和朗姆酒对威士忌的模仿更加酣畅淋漓。通过定制的瓶型、复杂的插图、特殊印刷效果，以及优质的包装材料，它们的形象瞬间高大起来。我曾看到一款奇怪的朗姆酒，它和威士忌惯用的方形瓶几乎一样，并把"Rum"字样印在非常不显眼的位置，仿佛是威士忌的嫡系。

之所以要重点模仿威士忌，是因为威士忌可是"草根变凤凰"的鼻祖。最初，威士忌只是一款中世纪农民的御寒酒，后来，它混迹上流社会，成为精英的代表，并且身价一路飙升……

牛吃剩的大麦

威士忌是以大麦为原料，经发酵、蒸馏后放入橡木桶中窖藏，并勾调而成的一种蒸馏酒。

大麦比起龙舌兰和甘蔗渣更有价值，毕竟它属于粮食范畴。不过，大麦的食用口感很差，且不易消化。在我国，大麦通常用来入药或做饲料；在韩国，大麦通常被制成大麦茶；在欧洲，大麦则用来做饲料或制酒。

不少酒民都知道，大麦也是啤酒的原料。实际上，啤酒就是将大麦出芽、烘干、发酵而制成。若将啤酒进一步蒸馏、窖藏并勾调，就得到了威士忌。

关于威士忌的最早文字记载，出现在 15 世纪的苏格兰。

提到苏格兰，老一辈会哼起那首曾经脍炙人口的经典歌曲《友谊地久天长》，摇滚迷会谈起一系列摇滚电音乐队，文艺小清新的脑子里则充斥着苏格兰风笛与格子裙。

苏格兰人为世界贡献了许多美妙的旋律，尤其是直击人心的摇滚乐。他们为什么如此能歌善舞？因为天气过冷，所以大家需要用唱歌跳舞来驱寒。

在 15 世纪的欧洲，苏格兰、英格兰和爱尔兰联系紧密，工业革命尚无苗头，人们都生活在思想被完全禁锢的黑暗社会。教会权力巨大，掌握着以庄园为核心的社会资源，包括 12 世纪由阿拉伯传入的炼金术，修道院一度成为欧洲炼金术的集中活动场所。

偶然间，苏格兰一处修道院的炼金师将大麦发酵酒放进炼金炉，通过挥发和冷凝，得到了晶莹透明且散发独特香味的液体。品尝这种液体后，会令人感到兴奋愉悦、热血澎湃。

这种液体让苏格兰人如获至宝。要知道，苏格兰的冬季十分漫长，在暴风雪的吹袭下，连山丘都显得阴郁，更不要谈有野兽出没的丛林和荒凉的沼泽地。有了这种液体，苏格兰人可以边喝边唱，对抗寒冷。

当时的苏格兰人没有酒的概念，更不懂什么是蒸馏酒，便称这种液体为"Uisge Beatha"（意为"生命之水"，后来音译简化为"威士忌"），将其视为一种能驱寒的"快乐饮料"。

按照苏格兰庄园运作模式，农民们在夏天边养牛边种大麦，到了冬天就用成熟的大麦喂牛。只有牛吃饱了，长壮实了，人们才用剩余大麦制作威士忌。

为了储存威士忌，修道士找到了橡木桶。一经储存，他们发现威士忌竟别有一番风味。渐渐地，威士忌形成了发酵、蒸馏、窖藏的固定制作流程。一时间，苏格兰和爱尔兰的大部分庄园建造了制酒厂，修道院则纷纷开辟酒窖。

到了18世纪初，英国制酒业发展较快，后来，英国加强了对苏格兰地区的制酒管控，对威士忌的生产加以约束并开始征税。这曾一度引发苏格兰人流血抗议，不过英国倒不在乎，因为当时的英国权贵钟爱荷兰金酒（荷兰产的一种以大麦、玉米为原料的蒸馏酒），对于苏格兰农民喝的威士忌不屑一顾。

奇怪的味道

被女士问及喜欢喝什么酒时，稍有经验的男士会回答威士忌，因为这会让女士认为自己有品位、懂生活、有文化、有阅历、留过洋。

如果这位女士颇有文艺气质，那么男士还会用以下这段话来自我表现一番。

"在我心中，完美的威士忌拥有伴随发酵而得来的麦香，再通过窖藏得到醇类物质的气息，又不带有过重的橡木桶味。至于酒体，一定要饱满，不让人感觉有太多水的感受，这才算好喝的威士忌，要不要一起喝一杯？"

十年前，上述做法很容易让女士心动，毕竟欧美影视剧中那些英俊睿智的男主角们，都时不时地来一口威士忌。更重要的是，

酒变

当时威士忌流行于我国的一些人群中，成为他们日常生活的一部分。加之威士忌行情过于神秘，能对它做点评的人总能被高看一眼。

这正是外国酒初入我国市场的缩影。由于欧美文化对这些酒的宣传，外国酒自进入我国就被架上神坛。在 20 世纪 90 年代，有些人喜欢在家里显眼的位置摆放几瓶外国酒，不为别的，就为用那华丽的酒瓶彰显"身份"。或许，酒的主人连酒瓶上的英文都看不懂，更不知瓶中的酒究竟为何物。

随着中国在 20 世纪 90 年代末强化进口外国酒管理，大部分外国酒都贴上了中文标签。如此一来，包括威士忌在内的外国酒现出了原形。

"原来这就是大麦酿的酒啊，难怪喝起来有点儿二锅头的感觉"，记得 20 年前，一位酒友拿着一瓶贴有中文标签的威士忌向我大呼，仿佛发现了惊天奥秘。我告诉他，能喝出二锅头的感觉很正常，毕竟二者都是粮食造的烈酒。实际上，有些英国朋友来中国就爱喝北京的二锅头，因为他们很熟悉这种刺激的口感。

"除了二锅头，是否还有别的感觉？"我反问他。

"还有一些说不出的味道，似乎有点儿甜，还有点儿酸。"这位朋友反复咂摸杯中的威士忌，竟难以辨别滋味。

这不奇怪，味道复杂是威士忌的重要特点。复杂的味道主要来自原料发酵手段、窖藏用的橡木桶，以及勾调用的添加剂。

一些自诩"有品位"的酒民经常说，正宗苏格兰威士忌能喝

第5章　草根变凤凰的威士忌

出泥煤味，因为在烘干大麦的过程中，当地人会用泥煤作燃料。在苏格兰威士忌的重要产区艾雷岛，泥煤是一种常用燃料。通常，岛民会将泥煤干燥后作为取暖原料，威士忌酒厂则用它来烘干大麦。泥煤的烟熏味融入威士忌后，遂成为一种特色。

不过我很好奇，这泥煤味道如何能辨别出来？难道真有人吃过泥煤吗？

"万能"的木桶

若想用非常懂行的姿态来品评威士忌，橡木桶绝对值得大讲特讲，因为威士忌就指望它来提升身价了。

橡木桶是外国酒窖藏环节的主角，它由广泛生长在欧洲和北美洲的橡树制成。

欧洲的橡树木质紧、强度高、耐用、不生虫，被大量应用于建筑和生活材料中，当然也用来制造木桶。当苏格兰人用橡木桶储存威士忌后，发现威士忌不再那么难以下咽了。原来，橡木含有较多的单宁，与威士忌长期接触可以为酒体上色，还能醇化增香。

此后，橡木桶窖藏成为酿制威士忌的必备环节。业界普遍公认，威士忌将近七成口感来自橡木桶，于是有了"橡木桶是孕育威士忌的摇篮"这种看似文艺的说法。

然而，这背后是一个扎心的事实：大麦制成的威士忌味道单

061

薄且涩口，需依靠与木头的长久接触来提味，变得醇厚一些。

经验丰富的人发现，不同的橡木桶窖藏的威士忌口味差异很大，索性在橡木桶上大做文章，依据橡木桶把威士忌分出了三六九等：单桶、双桶、三桶、强桶、雪莉桶和波本桶……这些不同标准的橡木桶，决定了威士忌的价值。

所谓"单桶、双桶、三桶"，指你面前这瓶威士忌的灌装混合程度。其中，"单桶"是取某一个桶里的原酒灌装，"双桶"是混合两个桶的原酒灌装……桶的数量越多，味道越复杂。敢用"单桶"的威士忌，通常品质足够优秀，不需要混合就能灌装上市，价格较高。不过，"单桶"的意义由制酒人赋予，主观性明显，不代表绝对的品质。

所谓"强桶"，也称"原桶"或"桶强"，指不经稀释，取原酒直接装瓶的威士忌，通常在 50 度以上。

至于"雪莉桶"和"波本桶"，则代表了威士忌的不同产地和风味。"雪莉桶"是窖藏过雪莉酒（西班牙葡萄酒）的橡木桶，用它窖藏威士忌可带来果香。在现代制酒中，"雪莉桶"只是用雪莉酒浸润过的酒桶，仅此而已。

"波本桶"由美国橡树制成。18 世纪，大量苏格兰和爱尔兰移民来到美国肯塔基州的波本镇，并带来了蒸馏技术和窖藏经验。由于北美洲盛产玉米，人们就把吃不完的玉米用来制酒，再用橡木桶窖藏，得到了比苏格兰威士忌更浓烈的味道。于是，"波本桶"成了美国威士忌的代言方。

苏格兰威士忌用大麦，美国威士忌用玉米，不同的原料让二者有明显差异。美国威士忌虽然价格便宜，但使用油脂丰富的玉米，酒体相对醇厚。

这些看起来五花八门的标准，为乐于品评威士忌的人提供了巨大的发挥空间。但在我看来，它们只是普通的橡木桶而已，并无高深之处，只是被故弄玄虚的人神化了。

既然橡木桶号称"万能"，好奇心驱使我做了一个实验——用橡木桶窖藏中国白酒。

我购买了一个专业威士忌橡木桶，将我国茅台酒倒入桶中窖藏。本想窖藏个把月，不想身边的朋友嘴太急，仅过一天就打开了酒桶。

打开瞬间，大家就闻到一股浓郁的果香，并看到酒体由原来的清澈透明变成了琥珀色。品尝起来，窖藏过的白酒味道少了烈性，甜味更浓，明显比威士忌有层次。

为什么仅窖藏一天，中国白酒就发生如此大的变化？因为中国白酒的醇类物质丰富，容易在短时间内与橡木桶的单宁物质发生激烈反应，达到威士忌窖藏一年半载的状态。

那么，中国白酒是否需要经橡木桶窖藏？

我认为大可不必。毕竟中国白酒的特色在于原料和工艺，制成的酒酒体清澈，具有肥厚的粮食香。若用橡木桶窖藏则容易被夺味，犹如在一碗小米粥中加入沙拉酱，后者浓郁的酸甜味将使其味道变得不伦不类。

单一对战调和

英国上流社会有喝红茶的传统，并习惯往茶中加糖和牛奶，调和出香浓的奶茶。于是，他们将调和手段运用在威士忌中，把多家酒厂的威士忌混合，令味道平衡，更易于入口。由此，威士忌派生出两个分支：单一麦芽威士忌和调和威士忌。其中，单一麦芽威士忌只由某一家酒厂的酒灌装，味道刺激，品质也存在不确定性。

随着上流社会逐渐接纳威士忌，有经济实力的英国人开始投资设厂，詹姆斯·芝华士和约翰·芝华士兄弟就是其中之一。他们不仅创立威士忌酒厂，还积极协调各商船船长，将调和威士忌运往美洲等地。扎根海外市场后，他们会根据当地人的口味喜好，对威士忌进行进一步调和，使之流行于当地。

现如今，芝华士已成为很知名的威士忌品牌，甚至比威士忌本身还有名。

1953年，借英国女王伊丽莎白二世加冕时机，芝华士推出了"皇家礼炮"特供酒。这种威士忌要经过雪莉桶和波本桶的轮番窖藏，并把调和本领发挥得淋漓尽致，掺进一切可口的味道。目前，"皇家礼炮"是顶级的威士忌品牌，号称外国酒界的"奢侈品"，有的在国内售价可以轻松过千元。

英国人走向全世界，是为了让苏格兰威士忌畅销世界，岂料威士忌太容易复制，很快就出现了别具一格的复制品，比如美国威士忌和日本威士忌。

威士忌传到美国后，立刻被改变了，出现了用玉米做原料、用波本桶窖藏、用咖啡和坚果来调和的美国威士忌，成为苏格兰威士忌最强劲的对手。由于产量大、价格低，美国威士忌长期霸占着中低端市场。

19世纪中叶，美国用炮舰打开日本的国门，威士忌开始在日本畅销。那时，日本开启了全面西化的明治维新运动，作为西方舶来品的威士忌自然引起日本人重视，还有人专程去欧洲学习制酒技术。

在学习制作威士忌这件事上，日本人诠释了什么是"教会徒弟，饿死师父"。

和我国一样，日本人喜爱用餐时饮酒，无法接受味道浓重的苏格兰威士忌。他们结合本国清酒柔和清爽的特点，开发出更适口的日本威士忌。至于什么烟熏味和泥煤味，统统被抛弃。结果，经历二度开发的日本威士忌更适合佐餐，迎合了更多人的偏好，短时间内就与苏格兰威士忌平起平坐，霸占了威士忌在亚洲的中高端市场。

被"徒弟"超越后，苏格兰人便开始为威士忌正名，由一些所谓的"资深鉴酒师"发出呼吁，让酒民们重视单一麦芽威士忌，因为它血统纯正、原汁原味。至于调和威士忌，诸如美国威士忌和日本威士忌，他们则认为缺乏内涵，不值一喝。

这些"资深鉴酒师"的呼吁倒是符合常理，毕竟单一麦芽威士忌只选用麦芽做原料，成本更高，且不用调和兑味，对于酿制工艺的要求更严格。但是，我们也不能忽略一个现实：如果不是调和威士忌的出现，英国上流社会就无法接纳威士忌，威士忌也很难走向世界。

第 6 章

俄罗斯国酒伏特加

酒变

老李的故事

老李是位"俗人"，不解风情，不懂浪漫，经常被女友埋怨像块木头。他的同事小刘不一样，不仅能说会道，还懂得如何讨女孩子开心。

有次二人出国考察，老李借机向小刘讨教经验，想学学如何制造浪漫。小刘一听，拍着胸脯说全包在他身上了。

在回程途中，小刘建议老李为女友买一瓶"法国灰雁"。

在机场免税店，美女店员拿起一瓶印有法国国旗的灰雁酒，向老李介绍酒瓶上的法国印象派画作。看着如艺术品一般的酒瓶，老李心花怒放，一问价格 400 元，还可以接受，就兴致勃勃地买回了家。

果然，女友看到礼物甚是欢喜，直夸老李出趟国都变洋气了。于是，二人计划当天办一场烛光晚餐。

当老李用小刘传授的优雅手法打开这瓶灰雁时，二人被涌出的酒精味呛了一口。倒入高脚杯后，他们发现这酒太烈，难以入口。女友立刻翻脸，说他买了假酒，简直是兑水的酒精。

　　老李抱怨小刘太不地道，让自己花 400 元买了个花瓶，没喝到像样的酒，结果又被小刘嘲笑没经验。原来，法国灰雁是一款伏特加，因为法国人将酒瓶设计得很优雅，让人误以为是女士甜酒。

　　伏特加是六大蒸馏酒之一，也是俄罗斯的国酒，以味道刺激、火辣为特色。实际上，法国灰雁是众多伏特加品牌中度数最低的一种，普遍不超过 40 度，而在俄罗斯等国家，伏特加通常要超过 60 度。

　　按照小刘的建议，老李买了两个鸡尾酒杯，在酒中掺入大量橙汁，做成了简易鸡尾酒。结果，女友喝得很开心，喝完后还在酒瓶中插上花，把它彻底当成花瓶用。只是老李觉得别扭，花了 400 元买的酒，好像只有酒瓶值钱。

心急的后果

　　伏特加以大麦、小麦、玉米等谷物或土豆为原料，经过蒸馏制成高达 95 度的酒精，再用蒸馏水淡化至 40~60 度。然后经过活性炭过滤，让酒体晶莹澄澈，在味道上只有烈焰般的刺激。

　　伏特加是蒸馏酒中的一个特例，它用过滤环节代替了窖藏环节。之所以如此操作，想必是俄罗斯人对于烈酒的需求量太大，无法忍受长时间的窖藏等待，但不经窖藏的蒸馏酒又含有大量醛类物质，达不到饮用标准。于是，他们将蒸馏后的伏特加进行过滤，用最短的时间去除醛类物质，马上装瓶上市。

为了达到最强过滤效果，伏特加酒商使用活性炭对酒进行过滤。按道理，活性炭不应出现在制酒流程中，因为它强大的过滤能力不仅会带走醛类物质，还会带走酯类和酸类物质。我们知道，酯类和酸类物质是酒体保持醇厚、肥润、甘甜、利口的关键，失去了它们，酒中就充斥着大量具有刺激和灼烧感的乙醇。

可见，用"酒精兑水"来形容伏特加再合适不过了，这正是俄罗斯人心急的结果。

包括俄罗斯在内的东欧人民普遍嗜酒，连工作的时候也要喝酒。或许是生活的地方过于寒冷，必须饮用高度酒取暖，他们非常钟情伏特加这种近乎纯酒精的感觉。曾有一位俄罗斯酒友品尝中国白酒后给予较高评价，但他又强调，中国白酒过于讲究粮食香、讲究酒后回甘，这在不少俄罗斯人看来有些多余。他们认为，喝酒就是图个刺激火辣，不应该追求各种香味。

按照这种逻辑，喝酒在俄罗斯人看来几乎无异于酗酒，可算是一种酒精依赖症。

15世纪，也就是苏格兰威士忌诞生的年代，俄罗斯是欧洲边缘地区落后的大公国。后来，他们在西欧学到了蒸馏技术，回国后进行传授并制成蒸馏酒。最初，蒸馏酒在俄罗斯被用来消毒或清理伤口，后来才逐渐被饮用。

到了16世纪初，这种普及开来的蒸馏酒被命名为"伏特加"，在俄语中为"水"的缩写。看来，早期的俄罗斯人就热衷于酒精这种口味浓烈的液体，他们很有可能拿伏特加当水来喝。就这样一直到了 17 世纪中叶，伏特加在俄罗斯几乎泛滥失控。当时，俄罗斯全国近三分之一的男人因为酗酒而欠债，农民喝得酩酊大醉而无法种地，士兵因为酗酒而打架闹事，丧失了战斗力。于是，俄罗斯开始加强对伏特加的监管。当时，在俄罗斯具有高度声望的东正教会宣布"伏特加是魔鬼的产物"，并销毁了与伏特加有关的所有历史文件。与之不同的是，当时的沙皇发现，粗暴的管制无法解决人们酗酒的问题，很多人会铤而走险私自酿制伏特加。19世纪末，沙皇命化学家门捷列夫对伏特加进行改造，把酒精含量控制在 40% 以内，为后来伏特加的大规模酿制打下了基础。

值得一提的是，门捷列夫对当代化学影响巨大，我们在化学课上背诵的元素周期表就出自他之手。

混乱大作战

长期以来，很多酒民都认为俄罗斯掌握着伏特加的命脉，直到 2006 年发生的"伏特加争端"，才让酒民们看到了伏特加的混乱局面。

那一年，波兰、芬兰和瑞典等国家向欧盟提议：规定只有使用大麦、小麦、玉米等谷物或土豆为原料制成的伏特加才算正宗，其他原料制成的酒不属于伏特加。立刻，英国、荷兰、法国和奥地利等国联合反对，提出使用葡萄、甜菜和柑橘类水果等原料制成的酒也应该算是伏特加。

其实，波兰等国家的主张旨在明确伏特加的定义范围，保护本国的传统品牌，而英国等国家则想开发新口味的酒，并以"正规军"的身份进入伏特加品牌的市场争夺战中。

然而，俄罗斯人也没有解决办法。尽管他们热爱并专注于生产伏特加，但这并不妨碍波兰、瑞典、英国、法国等国大批量生产伏特加，并融入自己的国家文化。造成这种现状的原因有以下三个。

首先，伏特加尚无单一而明确的源头，没有国家能成功为它贴上专属标签，自然不可能像墨西哥那样对龙舌兰酒进行大力度掌控。

其次，伏特加的制酒流程过于简单，缺少核心技术，无法形成独特工艺，容易被复制。

最后，也是最重要的原因。由于采用过滤手段，伏特加显得过于"纯净"，原料的风味物质所剩无几，导致产地概念被进一步弱化。

与其他外国酒一样，伏特加终究没能摆脱被调味的命运。从最初的天然香料，到如今的人工增香剂，大部分伏特加都掺杂了水果和蔬菜的味道。这样，犹如白纸的伏特加为各地酒商提供了自由发挥的空间。有的品牌开始减少蒸馏和过滤的次数和时长，以求保留些许原料风味；有的品牌直接强调原料特征，将土豆酿制的伏特加调和出偏甜的口感，或将谷物酿制的伏特加调和出干涩的口感。

不过，俄罗斯人仿佛适应了这种状态。他们继续享受着属于自己的酒精味道，倒不在乎外面的伏特加市场竞争有多么激烈。

"灰雁"斗"药瓶"

"绝对伏特加"是目前世界知名度最高的伏特加品牌之一，产自北欧的瑞典南部小镇。

1979 年，那里的酒商采用了一种用连续蒸馏的方式来净化伏特加的新技术，将小麦制成的伏特加净化得如清水一般。为包装这种新产品，酒商在酒瓶设计方案中借鉴了 18 世纪欧洲药瓶的造型，将成品做得如同一瓶药水。

这款形同药水的酒就是绝对伏特加。

看来，瑞典人深谙历史之道，硬是把伏特加并不夺目的历史信息放大到极致，尤其抓住了伏特加早期为药用这一特点。

随后，绝对伏特加进入美国市场。美国人发现这款伏特加酒精纯度极高，适合作为鸡尾酒的基酒，于是，绝对伏特加随着美国人的推广走向了世界。

如今，绝对伏特加是我国市面上最常见的伏特加品牌，一般用来调制鸡尾酒，有少部分酒精爱好者会直接加冰块饮用，或制作"深水炸弹"，即将小杯的伏特加倾入大杯的啤酒中，一般人喝后会迅速醉酒。

酒变

绝对伏特加可以算是冲出伏特加混乱局面的能手，至少在法国灰雁亮相以前可以这么说。

在绝对伏特加进入美国的 18 年后，法国灰雁悄悄上市美国，并用了 10 年时间，把绝对伏特加挤到了墙角。

和追求简约、还原历史信息的绝对伏特加不同，法国灰雁采用了不断创新的策略，颠覆了伏特加的传统元素。第一，酒商用法国文化和电影包装它，让它常常出现在时装周和电影节上，并邀请艺术界高手来设计酒瓶，从而获得美国市场的好感。第二，酒商持续推出诸如梨子、佛手柑、橘子等新口味伏特加，吸引年轻人去尝试。

在我国，法国灰雁尚属于小众外国酒品牌，主要消费群体是女士，因为它的酒瓶设计的确富有艺术气质，容易让女士们爱不释手。它的价值基本体现在法国人的精心设计与文化渲染上。

当然，在高度依赖酒精的俄罗斯人眼中，法国灰雁空有一袭华美的袍子，不能算是真正的酒，因为它的度数太低，非常不过瘾。

第 7 章

站在外国酒顶端的『路易十三』

白兰地

20 世纪 90 年代有一部家喻户晓的情景喜剧《我爱我家》。这部喜剧通过展现一个北京普通人家的琐碎故事，反映了当时百姓的生活状态。在某一集里，没怎么下过馆子的这一家人去高档餐厅吃饭。

结果，全家每人都点了一道虾，活活搞成了"全虾宴"，让旁边的服务员都忍不住捂嘴笑。现在看来，这个情节既可笑又无奈，毕竟当年我国物流不发达，海鲜在内陆城市尚属奢侈品。对于眼前的免费大餐，他们自然将注意力集中在平日少见的海鲜菜上。

到了点酒水的时候，老爷子一语惊人："来一瓶人头马！"

在大家眼中，老爷子是一位艰苦朴素的实在人，向来不食人间烟火。没想到，他竟然一心惦记着"人头马"这种高档外国酒。的确，人头马在当年很火，简直童叟皆知。

人头马旗下的酒款繁多，最有名的当属"路易十三"。在1999 年的贺岁喜剧《没完没了》中，有这样一个经典桥段：

一伙人围着喝醉的老板阮大伟问："大伟，想吐吗？"

阮大伟闭着眼睛说："想，那我也不吐。我舍不得，十三，路易的……"说罢，就紧紧抱着路易十三的酒瓶子，美滋滋地进入了梦乡。

那一年，一瓶路易十三的售价至少达8000元，现如今，它的单价也没有低过千元。

人头马是一个法国酒业品牌，主打白兰地。白兰地是六大蒸馏酒之一，也是法国的国酒。白兰地采用葡萄为原料，经过发酵、蒸馏、窖藏和勾调制成。

因为品牌效应过强，白兰地长期站在中国引入的外国酒的顶端，深入我国主流高端消费群体，与商务人士的生活联系紧密，并经常现身商务宴请和家宴场合中。相比之下，威士忌只能出现在相对小众的涉外宴请和年轻人的聚会中，至于伏特加、朗姆酒和龙舌兰酒，基本隐藏在酒吧和KTV中了。

白兰地凭什么能站在外国酒的顶端？

葡萄酒的下一站

16世纪以前，蒸馏技术未被广泛应用，威士忌和伏特加尚不知名，欧洲地区最普及的酒是葡萄酒。

由于地理条件得天独厚，法国葡萄种植业特别繁荣，使葡萄酒供应充足，畅销海外。波尔多、勃艮第、朗格多克、干邑等法

酒变

国葡萄酒的主要产区，在当时就已经声名鹊起了。

法国葡萄酒之所以能畅销海外，荷兰人有很大功劳。

当时正值大航海时代，荷兰人在激烈的海路争夺中获得了主动权，先后控制了欧洲和亚洲航线，被称为"海上马车夫"，乐此不疲地大量交易法国葡萄酒。

荷兰人擅长经商，懂得捕捉商机。荷兰人来到法国干邑地区后，发现这里的葡萄酒产量严重过剩，致使品质急剧下降。于是，他们将劣质葡萄酒蒸馏，得到纯度较高且易存放的蒸馏酒。回到荷兰后，他们再把蒸馏酒加水稀释，得到了不同于葡萄酒的新口感，随即制造噱头进行销售。

最初，荷兰人称这种蒸馏酒为"烧酒"，音译为"白兰地"。

法国人发现，白兰地在欧洲的销量相当可观，尤其受到英国皇室贵族的喜爱，于是在干邑地区建立了劣质葡萄酒再加工产业。经过一百多年的演化，到 17 世纪时，干邑地区已经酒庄林立。

后来，拿破仑夺权称帝，开始统治法国，并推高了白兰地的知名度。

善于征战的拿破仑对欧洲地缘格局影响较深，在国际上知名度也很高。在拿破仑统治时期，法国多次迎来葡萄大丰收，制出大量白兰地。于是，白兰地成为军队物资，跟随拿破仑和士兵们四处征战。当然，拿破仑专供的白兰地都是来自干邑地区的极品，久而久之，拿破仑的名字便与白兰地紧密联系，成为白兰地最有名的代言人。

为了进一步延长保质期，实现远距离运输储存，干邑白兰地采用二次蒸馏,进一步提高纯度。和威士忌一样,通过木桶窖藏的白兰地可以提升酒质,并调和出复杂而特殊的风味,形成琥珀色酒液。

可以说,白兰地和威士忌的制酒流程相似,尤其是在蒸馏、窖藏和勾调环节,均不需要复杂深奥的技艺。

要说二者的本质区别,主要体现在原料和发酵方面。在原料上,威士忌使用大麦等谷物,白兰地使用葡萄;在发酵上,威士忌将大麦烘干后加酵母处理,白兰地则将踩碎的葡萄加酵母处理。可以说,啤酒的下一站是威士忌,葡萄酒的下一站是白兰地。

因此,采用蒸馏技术制成的威士忌和白兰地仍带有原料发酵后的味道,故而在口感上有明显差别。

从理论上讲,威士忌应该比白兰地更值钱,毕竟它使用了较为珍贵的谷物,比葡萄更有价值。然而,白兰地一问世就自带光环,迅速走进上流社会,没有经历什么坎坷。

这让忍辱负重许久的威士忌情何以堪?

"霸道"的酒龄

当干邑白兰地初获名气时,精明的法国酒商们为了保护利益,拼命强化产地特色,防止其他地区出现竞品。于是,他们在葡萄品种和窖藏方式等方面设置重重标准,让干邑白兰地成为最早一批被贴上产地标签的蒸馏酒。

这一产地标签非常实用，让法国干邑地区至今都是名气最大、价格最高、受保护力度最强的白兰地产地。

法国酒商们深知，干邑白兰地的原料并不稀有，周边的意大利、西班牙和葡萄牙都能产出适合酿酒的葡萄。加之工艺简单，对手很容易突破干邑白兰地的既有标准。若想长久维持老大地位，酒商们必须找到干邑白兰地最难以复制的元素。

干邑白兰地到底有何不可复制之处呢？

酒龄，这是酒商们绞尽脑汁为干邑白兰地设计的一道防线。按照酒龄，干邑白兰地分为 VS、VSOP、XO 等级别，分别代表储藏年数（即陈熟年数）。其中，XO（Extra Old，特别陈酿）的时间最长，一般为十年以上。于是，XO 成了干邑白兰地最金贵的标志，连孩子都知道，酒瓶上印着硕大 XO 的白兰地最值钱。

至今，XO 的影响力仍然很大，包括"人头马"在内的品牌都主推 XO 系列产品。当然，一些鲁莽的酒商根本没有耐心等待十年以上，他们将许多窖藏不久的新酒与陈酒混合，让市面上混杂着与实际年份不符的 XO，把 XO 变成了一个营销噱头。

说到营销噱头，则不可不提大名鼎鼎的"轩尼诗"。它直接将 XO 拿来作为品牌标识使用，还找到法国政府申请了商标许可，可谓用尽一切手段。

轩尼诗的领导，有野心且胆子大，在 19 世纪中期，他借着法国的强盛，把轩尼诗投向我国市场。

当时，中国正处于国力衰退的清末时期，轩尼诗随着大批"洋货"迅速抢占我国市场，在我国一些人群中掀起了白兰地热。在当时，在上海等大城市的高档娱乐场所，大家经常看见消费白兰地的人。

20世纪初，上海某报刊发了一则形式新颖的征集对联的广告，通过一个上联"三星白兰地"，向公众征集下联。此广告的投放者是当地一家小有名气的酒楼，而这上联的"三星白兰地"正是他家主推的酒。

这则广告反映出两个现象：第一，我国百年前的广告行业人士深谙营销手法，擅长与读者互动，创意上也有文化内涵；第二，白兰地在百年前的我国相当普及，以至于可以直接用作广告词。

该广告的赏金颇为诱人，引得各方文人争相投稿。经过激烈角逐，拔得头筹的下联是"五月黄梅天"。黄梅天指南方地区的闷热潮湿天气，生活在长江流域的人们绝不陌生，用"黄梅天"对"白兰地"，进一步说明白兰地的普及程度高。另外，"黄梅天"还指当年江南地区的一道菜肴。用菜名对酒名，可见当时的国人懂得如何用白兰地搭配食物。

那么，"三星白兰地"的"三星"代表了什么呢？这应该是一个酒类等级的标志。在20世纪初，有民族企业家在山东烟台设立白兰地酒厂，推出国产品牌，并效仿干邑白兰地的窖藏时间划分了级别，如三星、四星、五星等。其中，三星是面向大众消费的等级。这个征集对联的广告，正是为了宣传国产白兰地。

创立国产品牌来对抗外国酒品牌，这本应该是件自豪的事，但国产白兰地的选料、制酒、包装和营销均在模仿复制干邑白兰地，结果进一步助增了干邑白兰地在国内的名气。有消费能力的人，仍然倾向于购买进口的外国酒。

实际上，用模仿复制的手段来对抗外国酒，是一种不明智的做法，因为终究只能得到复制品，缺少灵魂。如此对抗外国酒，终究难掩自卑，把幸事变成了憾事。

这外援，有点香

到 20 世纪 80 年代后，改革开放促进了国内市场的繁荣，人们都讲究多元化和国际化。这时，以白兰地为首的外国酒大军涌入国内市场，跑在最前面的品牌要算"人头马"了。

"人头马一开，好事自然来。"这是"人头马"品牌登陆我国后的广告语，一经推出立刻火遍街头巷尾。看来，"人头马"十分了解中国市场，设计的广告语通俗押韵，含有美好寓意，满足了国人讨个好彩头的心理。

很快，人头马席卷我国高档酒市场。随着百姓消费能力变强，大家不太在意价格，只求赶时髦尝个鲜，给了人头马等外国酒品牌很大的发展空间。

2010 年，广州举办了"首届国际白兰地盲品会"，对各种品牌的白兰地进行品鉴。这次品鉴的初衷是让国内高端市场接纳国产白兰地，为国产白兰地打开销路。于是，大会呈现了这样的品鉴结果：人头马和轩尼诗等外国酒品牌稳获各类大奖，国产白兰地则以紧随其后者的形象出现。

大会组织者想告诉消费者，国产白兰地比起进口白兰地，只差一丁点儿。

事实上，这种抱大腿式的宣传并不能让人对国产白兰地高看一眼，因为它仍在用模仿复制的手段来对抗进口外国酒。可以说，不少国人对于外国酒的态度丝毫未变，和以前没什么区别。他们大多爱跟风，不去思考和研究一下外国酒为何这么火。

事实上，外国酒打开国内市场的关键因素有两点：第一，外援增香；第二，文化包装。就是这两点，构成了外国酒的内和外。

这里来谈谈外援增香。之所以称为"外援"，是因为外国酒本身没有什么香气，只能通过外部手段介入来获得香气。

威士忌、白兰地、伏特加、龙舌兰酒和朗姆酒的酒体本身缺乏香味。这样干涩浓烈的蒸馏酒，恐怕没几个人能下咽，于是，它们只能依靠外援的力量来增香。

外援力量来自窖藏和勾调。在窖藏环节，橡木桶是威士忌、白兰地、龙舌兰酒和朗姆酒的重要外援，为其上色并提供单宁物质来充分反应，令酒体不再单薄。

在勾调环节，果汁和食用香精等添加剂成了这些外国酒的又

酒变

一大外援。注入添加剂，灼烧感强烈的酒精被稀释，外国酒便有了多重口感。

当然，伏特加是个例外。由于钟爱伏特加的酒民十分心急，忍受不住长时间的窖藏，选择了简单粗暴的活性炭过滤法，让伏特加与纯酒精无异。于是，添加剂就成为伏特加唯一的增香外援。

为何外国酒本身缺乏香味呢？原因出自原料和制酒环节。原料方面，外国酒倾向使用不适宜食用的植物。例如，威士忌和伏特加，它们采用人不易消化的大麦和黑麦等谷物为原料，而白兰地和葡萄酒则采用口感最涩的葡萄，至于龙舌兰酒，采用了只有墨西哥人敢吃的龙舌兰果实。

没错，原料本身对酒的品质影响巨大，尤其是酒质和香气。理论上讲，吃起来口感好的原料，制成的酒风味更佳。人们不愿吃的原料，自然不能制出香味十足的酒。

在制酒环节，外国酒普遍使用液态发酵和液态蒸馏，即原料以液态形式发酵蒸馏，最典型的例子就是将葡萄踩成汁来酿制白兰地。这种液态发酵和蒸馏过程类似于酒精生产，酒质一般较为单薄。于是，外国酒制酒过程中会通过添加酵母来扩充菌群。

于是，我总结出外国酒的两个特点。

第一，采用非粮型原料，采用非粮型酵母，采用液态发酵和液态蒸馏。因此，外国酒必须通过外援增香获得五花八门的口感，从而迎合有各类口味偏好的消费者。

第二，文化包装。因为先天不足，外国酒就在文化特色上大做文章。我们会发现，长期畅销的外国酒品牌多注重历史传承，并以民族和风俗作为制酒背景。

外国酒品牌十分注重对历史元素的挖掘，如轩尼诗以法国中世纪的皇室为基础；芝华士则在一直强调苏格兰的骑士精神，令自己个性十足。此外，海外影视和文学作品均在帮助外国酒树立高端形象，其故事人物经常手持一杯威士忌或白兰地来交谈或思考，以此彰显高贵的生活方式。

通过文化包装手段，许多外国酒真能声名远扬，这值得我们深思。

中篇

发现中国白酒，找到独一无二的味道

第 8 章

中国白酒「四宗罪」

酒变

回忆小时候

小时候，每逢年节，我最爱做的事就是趴在饭桌边，看长辈们在推杯换盏间一边高谈阔论，一边咂摸杯中晶莹剔透的白酒。年幼的我坚信：杯中的白酒有魔性，能让一个个沉默寡言的男人瞬间变得生龙活虎。

有一次，强烈的好奇心驱使我偷偷抿了一口他们杯中的白酒。看着我被浓烈的辛辣味呛得连连咳嗽，长辈们不禁开怀大笑，兴奋地把我抱上桌。不过，还未等我坐稳，家中的女人们大呼小叫地冲过来把我"抢"走，并对男人们大加指责，仿佛他们做了伤天害理之事。

从那时起，白酒在我心中构成极大矛盾：不少男人好像对白酒有着强烈的依赖，不少女人对白酒则好像有着深仇大恨。

步入社会后，在各种正式或非正式的场合，我渐渐习惯了这样的声音："白酒，不是什么好东西，伤身又误事儿，不如喝点儿葡萄酒。"

的确,过量喝白酒的酒民最容易酒后失态,最容易酒后胡作非为,给社会和家庭带来安全隐患。此外,过量喝白酒的酒民往往不注重个人形象,不注重事业发展,生活颠三倒四。

更严重的是,白酒行业乱象频频,随处可见偷工减料和假冒伪劣等现象。

于是,"白酒无品质,不如喝外国酒"这种谬论乘虚而入,摇身一变成为"真理",欺骗了不少酒民。

莫怪别人,这是中国白酒自身出了问题。

这些问题若得不到解决,中国白酒的负面形象难以转变过来。

上届酒民很油腻

原本,我应该赞美白酒酒民,因为他们是中国白酒坚定不移的追求者。不论外国酒多火,他们都面不改色,岿然不动。能撩拨他们神经的,只有中国白酒。

讽刺的是,一些酒民虽然爱酒,但是对酒的认识不够。

我曾有一位要好的兄弟,年轻时文采过人、玉树临风。大学毕业后,他进入一家非常稳定的单位工作,继而结婚生子,生活一帆风顺。

2020年春节前夕,这位兄弟突然提议聚会,说他带上几瓶好酒,要一起小酌叙旧。一想这一晃十多年未见,颇为想念,我就毫不犹豫地答应了邀请。

酒变

结果，聚会的画风与预想中完全不同，我甚至都认不出这位曾经的兄弟了，因为出现在我眼前的，是一位大腹便便、满面油光的人。况且，他选择的聚会地点是一家装修豪华的餐厅，看着金碧辉煌的场景映衬着他肥胖的大脸，我竟有种时空错乱的感觉。

聊文学、谈写作、话理想，以前的我们无话不说，但如今，他那一套接一套的场面话却让我十分不自在。于是，我提议大家举杯，纪念逝去的青春。

"怎么这么小的酒杯？一点儿气势也没有。来啊，换上大杯。"兄弟的"豪气"着实把我吓到了，我赶紧和他解释，白酒讲究小酌细品，不能大口闷。

当然，他没理会我的意见，坚持让大家用葡萄酒杯，干了半杯 50 多度的白酒。

白酒下肚后，桌上的几位迅速进入"状态"，整个酒桌上只有他们在口沫横飞地"表演"，一帮典型的"中年油腻男"。

我们总说"中年油腻男"，指的就是让人生厌的油腻特质。"中年油腻男"最明显的外在特征就是肥胖，这让他们看起来邋遢，还呈现出病态：多走几步就喘个不停，跑几步就大汗淋漓。一经体检，十有八九都"三高"。

对于"中年油腻男"，大家的厌恶感高度一致。男人不论年轻时多么潇洒倜傥，一旦迈入"中年油腻男"行列，人生形象就会瞬间崩塌。

人到中年，都面临家庭和事业的双重压力，很难抵抗岁月对自己容颜外貌的侵蚀。然而，不易的生活实在无法成为中年人放弃个人形象的充分理由。如今，"中年油腻男"普遍不爱运动，缺少男性魅力，处处脂肪外溢，难怪在全球相亲市场上，他们很难获得好评。

更重要的是，"中年油腻男"不仅缺少真才实学，还油腔滑调，喜欢到处吹嘘。

或许，只有在酒桌上，这些"中年油腻男"才会变得生龙活虎。当然，这种生龙活虎极易令人生厌，因为他们耀武扬威，谁都不放在眼里，仿佛"天下唯我"。说到底，他们在用酒精麻痹自己，掩盖心底的自卑，暂时逃避现实。

于是，"中年油腻男"在酒桌上浮夸而消极，让人们嗤之以鼻。至于"中年油腻男"所钟情的中国白酒，自然受到连累，被认为登不上大雅之堂。

难以抵挡的劝酒

我曾说过"酒是天使，又是魔鬼"，白酒被用于劝酒时就是彻头彻尾的魔鬼。

在我国北方某沿海省份，男人普遍好酒，又十分好客。这两种特征叠加在一起，就让他们格外重视宾客的酒量。尤其在自己敬酒时，都想让宾客多喝点，以表示自己尽到了地主之谊。宾客喝得越多，他们就认为对方越给自己面子，从而十分满足。如果

酒变

宾客坚持不喝酒，他们就认为自己的热情遭受了羞辱。

因此，该省份的酒局在好多人心中都留有阴影。

这是典型的"情感绑架"，非要把自己对白酒的感情强加于他人。

如此劝酒行为袭来，只要你心狠一点、脸皮厚一点，想必可以抵挡一番。

可是，如果劝酒的人是自己的上级领导，那该如何是好？

领导对下属劝酒，主要是为了释放控制欲，并从中获得成就感。

《三国演义》记载，蜀汉猛将张飞曾强迫下属喝酒。下属不从，他就大怒，对下属进行体罚。

驻守徐州时，张飞召集众将官到营内喝酒。喝到兴头，他便开始劝酒。一位名叫曹豹的下属从不饮酒，在张飞的胁迫下饮了一杯，感觉特别不适。于是，他在张飞劝第二杯酒时断然拒绝了。结果，张飞的怒火被点燃，命人打了曹豹五十大板，以示惩戒。

话说曹豹身份不一般，他的女婿可是猛将吕布。当时驻守小沛的吕布正有谋篡之心，曹豹因不喝酒被张飞打而心生怨恨，就派心腹前往小沛，与吕布谋划逆反之事。

随后，吕布派兵突袭徐州，曹豹打开城门引军入城，面对正面突袭，张飞难以抵挡，弃城而跑，失掉徐州。

难怪张飞一直被后人视为人力资源管理的反面典型，单从劝酒这事来看，张飞做事待人过于情绪化，莽撞粗鲁。如果你的上级领导是张飞这样的人,那还是"敬而远之"为妙。

领导劝酒有两层心理含义。从表层看,这是领导测试下属的执行力。都知道喝多了难受,能陪自己喝醉的下属,说明他有无条件服从的特质。从深层看,劝酒行为多为强迫之举,这样的人不懂得换位思考。在我看来,此类型领导普遍缺乏一技之长,只能通过喝酒寻找存在感。

很遗憾,这种荒谬的管理思路,在今天仍大行其道,特别是在东亚地区深刻影响着"60后"和"70后",让广大爱喝可乐的"80后"和"90后"苦不堪言。

你会发现,那些执着于劝酒的酒民中,"中年油腻男"居多。当"油腻"的酒民乐此不疲地劝酒时,中国白酒即难逃落后与愚昧的"罪名"。

不过,这还不是中国白酒受冷落的根本原因……

被"勾兑"的人心

2016年元月的某天深夜,我酒瘾犯了,很想小酌片刻。翻箱倒柜一通,只找到了老友赠送的一瓶金门高粱酒,遂决定用它解馋。虽然高粱酿酒不比小麦香,但老友那里确实注重食品安全。曾听老友说,他们当地市场小,酒厂不敢乱用添加剂,喝坏了人可就砸了招牌。

于是,当晚我放心大胆地咂摸一口,结果被呛得几近窒息。

酒变

这高粱酒居然如此呛口，根本配不上粮食酒的身份。

事已至此，我不得不想了个招，让这高粱酒脱胎换骨。我把这高粱酒倒进曾经窖藏过优质白酒的橡木桶，用桶上沾满的白酒余香来浸染高粱酒。

正所谓"临阵磨枪"，这高粱酒等于被现场勾调了一番。这一试，口感确实好了一些，我就边嗑瓜子边喝下了四两（200克）高粱酒，然后心满意足地睡觉了。

结果，第二天醒来后我真切感受了一把生不如死，那种头昏脑涨，四肢无力，让人在崩溃的边缘挣扎。我的酒量向来不错，按道理这区区四两白酒不至于产生如此强烈的反应，除非……

我立刻抄起电话向这位老友抱怨："你们这高粱酒不地道啊，说好的不敢乱用添加剂，这酒不会有问题吧？"

"大哥啊，不用添加剂那都是猴年马月的事了。过去只供应本地的市场，需求量有限，不能出闪失。如今要供应本地之外的市场。面对这么多酒商，如果我们用非常优秀的配料的话，成本就太高了，怎么去竞争啊？"

一瞬间，我竟然被他的答复怔住了。

原以为不良竞争只给他们本地带来了麻烦，没想到，对其他地区的酒业也造成了影响。

现如今，一提白酒，肯定少不了关于假酒和劣质酒的讨论。假酒和劣质酒的共同特点是不由粮食酿制，而是勾兑了大量食用酒精，一来快速减少成本，二来快速提高产量。总之，这是酒商为了牟利的做法。

酒精主要包括医用酒精、食用酒精和工业酒精等。一些酒商会用食用酒精勾兑出劣质酒，劣质酒在口感和营养成分上都不如粮食酒，可用来以次充好。常喝高档白酒的酒民，很容易遇到用劣质酒冒充的高档名酒。

还有一些无良酒商则用成本更低的工业酒精，勾兑出大量假酒。工业酒精不能食用，因为它含有大量的乙醇、少许甲醇和有机酸，尤其是甲醇，对人体的神经系统和血液系统影响极大，摄入后会出现头痛、头晕、恶心、胃痛、视力模糊、消化障碍、呼吸困难等症状。

难怪，我喝了劣质的高粱酒后生不如死，原来是中了这么多招。

于是，很多人将"饮后不难受"视为评判白酒真伪的标准，但是，无良商家的心黑程度超乎你我的想象。听说，为了"解决"酒民们饮酒后头疼的问题，无良商家还在酒中添加头痛粉，让酒民们喝后不头疼，误以为这是好酒。

真实的情况是，头痛粉和酒混合就等于慢性毒药，会极大损害人的肝脏和肠胃黏膜。长期饮用，对人体危害很大！

连高档白酒都如此鱼龙混杂，中低档白酒的惨烈情况更可想而知了。我们每年都能看到许多人因喝假酒而健康受损，甚至死亡的消息。给我印象最深的是 1998 年春节，当时在山西地区发生了一起特大假酒案，无良酒商直接用工业酒精勾兑出假酒，喝死了近 30 人，这让他们的家属悲愤不已。

以前在一些地方因为假酒和劣质酒的横行，让不少人觉得白酒要背负危害家庭和个人健康的"罪名"。

从更深层看，那些伪劣的中国白酒受到了日渐贪婪的人心影响。

只可怜不少长期专一于中国白酒的酒民，喝到了劣质酒，身体受到了伤害。看来，以后喝白酒之前，我们都应该好好选择，避免踩雷。

我们总说，人的浮躁、人心险恶、利欲熏心造成了中国白酒几近颜面扫地的局面。实际上，还有一个因素不得不提。正是它，让中国白酒成为勾兑掺假的重灾区。

它就是被倡导了半个多世纪的"液态法白酒"。

"失误"的液态法白酒倡导

所谓"液态法白酒"，即先产出食用酒精，再将食用酒精作为基酒，通过添加香精等物质增香增稠，如此勾兑出白酒，俗称"酒精勾兑酒"。

至于这食用酒精如何制造？其实很简单，只需用糖类物质为原料，经过液态糖化、发酵、蒸馏，就能得到食用酒精。

这个过程看起来一点儿也不高级，更无高深的工艺技巧，甚至与朗姆酒没有太大差别，只不过原料由甘蔗渣换成了淀粉而已。

我认为，液态法白酒主张勾兑，不仅丢失了中国白酒的古老工艺，更失去了中国白酒的灵魂，从整体上降低了中国白酒的门槛，让各种假酒和劣质酒有机可乘。

我最初所强调的"中国白酒品质最优"，主要不是指液态法白酒。

无奈，"液态法白酒"是特定历史条件下的产物。

在 20 世纪 50—60 年代，我国人民的温饱问题还不小，人们对粮食无比珍视。在那个填饱肚子并不容易的年代，粮食供应尚不能完全满足需求，而传统工艺的中国白酒酿造过程，粮食消耗量巨大，每生产一吨白酒需要耗费近四吨粮食。

民以食为天。为了生存，中国白酒不得不另辟蹊径，在保证产量的前提下尽可能地减少粮食投入。

当时，专家们为中国白酒设计了三条变通方案：

第一，用红薯干等粗粮代替细粮来制酒；

第二，用人工培养的曲霉菌和酵母菌替代天然发酵剂，提高原料利用率；

第三，借鉴外国制造伏特加的方法，把原料液化处理，采用液态发酵，然后进行塔式蒸馏（以连续蒸馏为特色的蒸馏方式，主要用于伏特加制酒），从而得到食用酒精，再稀释勾兑成白酒。

我们已知，原料、发酵和蒸馏，都是决定蒸馏酒品质的要素，而上述三条变通方案，均为这些要素做减法，尤其是第三条方案，将中国白酒的制酒工艺全部简化处理。换言之，就是为了增产而兑水，这无异于对中国白酒进行了抽筋挖骨般的伤害。

果不其然，如此制出的白酒像极了伏特加，只有强烈的酒精味，没有粮食香味，让广大酒民大失所望。

不过，这并没有影响当时人们改造中国白酒的决心。既然在原料、发酵和蒸馏环节丢失了酒香，那就要在勾调环节填补回来。当年，大家对中国白酒的探讨都集中于两点。

第一，中国白酒中的香气究竟来自什么物质？

第二，能否人工造出这种物质，添加到"液态法白酒"中，使之具有传统的白酒风味？

带着这两个问题，相关企业在重庆成立了"酒精兑制白酒"小组。小组经研究发现，传统的白酒香味来源于己酸乙酯、乳酸乙酯等脂肪酸。

借此研究成果，人们用丁酸乙酯调配出了近百种香料、香精和稳定剂，用来模拟传统中国白酒的口感和风味。

香料、香精和稳定剂均属于食品添加剂，对人体健康到底有多大影响，至今尚无定论，而在当时的环境下，大家普遍缺乏高层次追求，食品安全意识淡薄，不太关注这些方面。

于是，我认为"液态法白酒"很难成为高档次的白酒。

到了20世纪80年代末、90年代初，"液态法白酒"霸占了中国白酒的大部分市场。尽管当时我国粮食供应充足，但浓烈的赚钱意识充斥在某些酒商的头脑中，他们仍然用成本低廉的液态法制作白酒，不再有足够的耐心去遵循老手艺，不愿意用最天然的原料，甚至连发酵和蒸馏环节都省了，直接用食用酒精勾兑，把制酒当成了化学游戏。

随着信息逐步透明，消费者的见识越来越广，已然发现了白酒行业的种种猫腻。越来越多的酒民达成共识：虽然行业标准允许白酒勾兑，但其对健康影响依旧是个未知数。加之有利欲熏心和缺乏良知的酒商作祟，不少人索性远离白酒。

相比之下，外国酒虽然工艺不考究，但更追求纯粹，原料货真价值，至少在适量饮用时不会危害健康。在不少酒民心中，"白酒无品质，不如喝外国酒"这一看法看起来更像真理。

形势紧迫！中国白酒绝不能再延续"液态法白酒"的思路了。至少，我们要让更多的酒民明白，"液态法白酒"只是特定历史时期的特殊产物，不能代表真正的高品质中国白酒。

真正的中国白酒凭什么来挽回劣势？就凭以下四种价值。

第一，有极富层次的香味，能满足酒民挑剔的味蕾。

第二，有多种微生物参与发酵，蒸馏出的酒液中有丰富的微量元素。

第三，有研究表明，中国白酒中含有核苷类化合物等多种活性物质，营养物质丰富。

第四，饮后不头疼，让酒民们在一觉醒来后，感到神清气爽。

能同时拥有这四种价值，才算真正的、任何外国酒都无法比拟的中国白酒。

那么，真正的中国白酒身在何处？该如何把它找回来？

第9章

生而艰难，它很昂贵

酒变

传统粮食酒

"要想喝到传统粮食酒，我们应该放眼广大农村。"

15 年前，一位资深酒民曾这样对我说："当市面上混杂着假酒和劣质酒时，世间仅存的传统中国白酒基因，很可能就深藏在广袤的农村中。"

这话挺有道理。农村酒民不讲究酒的品牌和价值，但讲究喝了不头疼，毕竟头疼会影响下地干活的效率。通常，村子里都有几位德高望重的酿酒师傅，即便经营小作坊，在品质上也格外用心。

四川和云南等西南省份的老酒民钟爱一种"小甑酒"，号称"喝到醉死头不疼"。

在这里的山间，有不少主打小甑酒的酒厂，但这些酒厂的产品可入不了老酒民的法眼。老酒民们通常会顺着熟人的线索，找到那些深藏于山村的小作坊。

不要小瞧山村中的小作坊，其受众群体都是乡里乡亲，卖的纯粹是口碑，即便设备简陋，但不敢偷工减料，更不敢使用食品添加剂，原料和工艺都遵循古法。

我曾有机会亲眼看到小甑酒的制作过程：

原料选用当地人爱吃的"苞谷（玉米）"。首先，酿酒师傅将选出的颗粒饱满的苞谷洗净，然后在清水中浸泡24小时左右，让干苞谷充分膨胀。苞谷泡好后，被置于大锅中蒸透。紧接着，将蒸透的苞谷置于特定容器上降温。

降温操作需要多年的经验积累，要根据不同季节的不同温度和湿度，来调整降温时间。这一过程非常烦琐，需要极大耐心，否则会导致酒的品质降低。

完成了降温，酿酒师傅就在苞谷中加入酒药（发酵剂）并拌匀，然后置于容器中进行至少36小时的糖化。在酒药的选择上，同样需要一丝不苟。只有选用黄色的酒药，才可保证原料充分糖化。

待糖化后，苞谷要被倒入大缸中，进行二十多天的超长发酵。

发酵完成后，苞谷又进入特制的小甑（木质的桶状器具）中，继续上锅蒸。正因这道工序，小甑酒亦被称为"蒸酒"。

蒸酒的同时，小甑上面还要覆盖一个"天锅"，用来冷凝蒸汽，收集酒液。因被置于高处，故名"天锅"。从小甑到天锅，发酵的原料精华先升腾成气态，而后进入天锅，冷凝成为晶莹的液体。此过程非常缓慢，通常要大半天甚至一整天，十分考验耐心。

这就是典型的农村蒸馏酒，虽无现代化的设施设备，但工艺极其考究。若不是对酒心怀敬意，酿酒师傅很难有此毅力日复一日地沉浸于糟香与蒸汽之中。

它能代表传统的中国白酒吗？我认为能。

在小甑酒的故乡——四川地区，曾出土过东汉时期的"砖"画像。

东汉前期，社会相对稳定，庶民生活较富裕，制酒业兴盛。当时的人们还有一种习俗：将生活和生产的琐碎场景雕刻于石砖上。这些雕满画作的石砖，用于墓室的内部装饰。东汉人"事死如生"，有条件的人家都将墓室打造得富丽堂皇，尽可能还原墓主人生前的生活。在用于装饰的砖画像上，大都呈现墓主人生前的美好状态，以及他所拥有的产业。

就在某一块出土的石砖上，考古学家看到了东汉时期的制酒场景，其中所展现的蒸馏酒设备与小甑和天锅极为相似。

实际上，传统中国白酒的工艺流程历经千百年演化，基本完整保留于农村小作坊中。它之所以能在农村流传下来，主要是因为农村生产生活中的高科技因素较少，没有给制酒工艺带来工业化改变；此外，传统制酒活动是一个辛苦活，特别是在蒸制和蒸馏过程，操作空间内温度极高，十分闷热，农村人相对能吃苦，所以坚持了下来。

在上述制酒工艺中，原料始终没有被液化处理，而是直接发酵，发酵后直接蒸馏，与外国酒制酒中将原料榨汁再发酵的做法截然不同。

这正是中国白酒制造中所特有的"固态法"。

固态蒸馏的真相

固态蒸馏所需的蒸馏设备，被泛称为"甑桶"，四川小甑酒的小甑就是典型代表。

甑桶，乃人们通过千百年来的实践所创造，由此蒸出的白酒质量最佳。

得益于甑桶低矮宽敞的造型，装入的酒醅颗粒可形成接触面积较大的填料塔（可供气体通过，实现固液分离）。经由甑桶，乙醇含量仅 5% 左右的酒醅，通过一次蒸馏即可获取乙醇含量超过 60% 的酒液。

相比之下，液态法白酒和外国酒采用的液态蒸馏，蒸馏设备应用的是"壶式蒸馏器"。通过壶式蒸馏器，醪液（原料发酵后得到的液体）至少经历三次蒸馏，才能取得乙醇含量超过 60% 的酒液。可见，甑桶浓缩分离乙醇的效率更高。

那么，固态蒸馏是否必须使用甑桶？

答案极其肯定。

1964 年，相关部门组织在我国华北地区开展液态法白酒试点时，研究人员曾进行过蒸馏操作对比试验。简单来说，在经过液态发酵后得到的醪液中撒入蒸透的稻壳，模仿酒醅装入甑桶进行蒸馏的过程，最后得到的酒液口感接近固态法白酒。同时，将经过固态发酵后得到的酒醅掺水，模仿醪液装入壶式蒸馏器进行蒸馏的过程，最后得到的酒液口感接近液态法白酒。

这说明，采用甑桶进行固态蒸馏不仅浓缩分离出酒精，还影响了原料的香味提取和重组，因为固态蒸馏对酸类和酯类物质的提取率更高，尤其对于乙酸乙酯、己酸乙酯及乳酸乙酯更是如此，结果使酒液的酯醇比例发生了根本变化。

至于液态发酵，过去曾有"六低两高"之说，"六低"即乙酸、乳酸、乙酸乙酯、乳酸乙酯、乙醛和乙缩醛的含量低，"两高"指异丁醇和异戊醇的含量高。

我们已知，包括异丁醇和异戊醇在内的醇类物质，尝起来味道刺激且有灼烧感。如果醇类物质含量过高，酒液的口感会干烈涩口，缺少层次。因此，液态法白酒必须勾兑添加剂来达到外援增香的目的。

不同于醇类物质，酸类和酯类物质是酒体保持醇厚、肥润、甘甜、利口的关键，固态蒸馏正可为酒液带来更多的酸类和酯类物质，从而实现内源增香（用制酒工艺将原料自身的香味激发出来），根本无须勾兑。

如此，固态蒸馏让中国白酒与外国酒有了本质的不同，赋予了中国白酒独一无二的味道。

古老的滋养

在固态发酵最初应用时，人们发现了一个问题：酒糟（原料经蒸馏取酒后留下的残渣）中存在大量未充分糖化发酵的粮食，造成原料浪费。

于是，人们再次利用未充分发酵的酒糟，将其混入部分酒醅中，继续反复发酵，这就是中国白酒所特有的"续粮发酵"。

在实践中，续粮发酵不仅节省了粮食，还调整了粮食发酵产物的浓度和酸度。

通过长期的反复发酵，酒糟中积累了大量富含香味成分的前体物质，再次发酵后，经过微生物加工，变成香味物质。其中，糖类是乙醇、多元醇和各种有机酸的前体物质；酸类和醇类是酯类的前体物质；部分氨基酸是高级醇的前体物质，而乙醇又是乙酸的前体物质……

如此复杂的化学反应过程，唯有通过固态发酵才能实现。

究其原因，同一种微生物在某一状态（液态、固态或气态）的物质中生存，与在两个及以上不同状态的物质中生存相比，其代谢产物有明显不同，而原料在固态发酵时，聚集了固态、液态和气态这三种状态的物质，这让微生物的自然生长过程更复杂，代谢产物更多样。

续粮发酵是典型的知易行难的事情。它并非简单地将酒糟和酒醅混合，而需要酿酒师傅凭经验处理。

具体来说，对于经过蒸馏的酒糟，酿酒师傅要剔除其表层的四分之一，因为表层的酒糟能充分接触空气，发酵和蒸馏更彻底。

对于剩下的酒糟，酿酒师傅会加入与剔除酒糟等量的新制酒醅，进行下一轮发酵。固态发酵过程需要充分接触空气，容易混入杂菌滋生杂味，故而对制酒工艺提出了较高要求。

如此，续粮发酵不就是《庄子》中所说的"一尺之棰，日取其半，万世不竭"吗？通俗来讲，这是说世间所有的物体，每日割掉一半，则永远也割不完。

不可思议吧？酿酒师傅每次剔除酒糟表层的四分之一，竟然永远也剔除不完。也就是说，首批酒糟的成分会一直保留下去，持续参与每一批原料的发酵过程，日复一日、年复一年。

当然，在实际操作中，酿酒师傅并不会纠结首批酒糟到底有无留存，他们的目的很单纯，就是在原料充分发酵的基础上，实现微生物的种群延续，保持多层次的酒香。

如此循环往复，老酒厂的老酒窖价值就慢慢凸显出来，核心正是一直反复使用的酒糟。正所谓"千年老窖万年糟"，窖池越老，糟醅越老，酒质越好，酒越香。因此，一些白酒品名中带有"老窖"字样。

尽管当代工业技术完全可以替代传统手工作业，但一些讲究品质的酒厂仍沿袭古法，采用人工酿造。这并非落后之举，而是中国白酒的传统味道实在离不开古老元素。

一个"老"字，代表了中国白酒日复一日、年复一年循环往复的制作过程，也渗透着一种轮回的价值观，这也是浓香型白酒的核心工艺。

为何它是"粮食精"？

有位酒民朋友一直很困惑，自己酒量还不错，喝高度白酒也不容易醉，但一喝外国酒就头疼，即使喝葡萄酒也会头晕，让他一度怀疑自己喝到的都是假外国酒。

我告诉他，他应该感到庆幸才对。为什么呢？

喝白酒不容易醉，说明他喝的白酒都是货真价实的固态法白酒，没有添加食用酒精。至于让他喝起来头疼的外国酒，倒不一定是假酒，因为我觉得外国酒喝多了本身就容易头疼。

外国酒是液态发酵和液态蒸馏的产物，味道刺激的醇类物质含量高。相比中国白酒，同样度数的外国酒乙醇更多。

另外，大部分外国酒的原料为水果，如白兰地、朗姆酒和龙舌兰酒，使得酒液的果糖含量较高。果糖极易被人体吸收，从而能够带动乙醇加速进入血液，让人体在短时间摄入大量乙醇。更严重的是，外国酒主张调配饮用，在喝的时候会掺入大量果汁，更加速血液对乙醇的吸收。因此，很多外国酒在品尝的时候口感温和，但饮后却容易头疼，甚至第二天起床后仍会有头痛欲裂的宿醉感。

这让我想起了一些中老年朋友的做法。他们喜欢在睡前饮用葡萄酒，据说可以安神助眠。然而，这样的做法却对健康有害，尤其会损伤肝脏和神经系统。

我们已知，葡萄酒是最典型的水果原料酒，还是不经蒸馏的发酵酒，保留了高浓度的果糖。尽管葡萄酒的乙醇含量不高，但大量果糖可促使人体高效吸收乙醇，从而让人感觉昏沉麻木，这实际是乙醇被吸收进入血液，麻痹了人体神经所致。

所以说，我很不建议大家喝葡萄酒养生，更不建议在外国酒中掺入果汁饮用。

相比之下，真正的中国白酒只要适量饮用，根本不会让人醉酒。原因自不用多说，就是酿造中国白酒的固态法实现了五大化学物质的均衡配比。此外，中国白酒的独特原料也是重要原因。

全世界，自始至终选用上好粮食（不包括薯类）作为原料的，只有中国白酒。也因此，中国白酒有"粮食精"的说法。

要知道，粮食制酒有着天然优势。粮食中含有大量淀粉，而淀粉属于一种多糖，在发酵过程中可被微生物分解成单糖形式的葡萄糖，进而被分解为乙醇、二氧化碳和水。也就是说，中国白酒不含糖类物质，其香味纯粹来自酸类和酯类等物质。在全世界，仅此一例！

之所以要选用上好粮食制酒，在我看来，这源自我国古人的信仰。古人在自然界中发现了酒的神奇之处，为之赋予灵性。此后，酒被广泛应用于祭祀和祭奠。出于对神明和祖先的崇敬，制酒原料当然要选用最珍贵的粮食。久而久之，酒被赋予了诸多象征意义。征战凯旋、丰收庆贺、婚丧嫁娶等，但凡隆重场合都离不开白酒。作为人文情怀的寄托，白酒的原料同样不能含糊。当然，在长期的社会实践中，有人尝试了用水果及其他原料制酒，但根本无法满足要求高的酒民。

于是，只选用优质粮食，成为中国白酒千百年来的制酒传统。

粮食对人类的意义重大。你我都要生存，生存所需的最基本物质就是五谷杂粮。经历过苦日子的人深有感触——只有手里攥着粮食，心里才会踏实。

如今，粮食供应较过去充足许多，人们对于粮食的珍视程度有所降低，加之农业操作实现机械化和食品加工技术升级，人们有更多的粮食了，尤其是对于广大"90后""00后""10后"而言，提及粮食，他们可能不会觉得它们稀缺。

我国地域辽阔，各地区地理自然环境差异较大，气候和水利条件更有区别，再加上历朝历代对粮食新品种的引进，各地区的粮食呈现出极为丰富的多样性，世界罕见。

其中，黄河流域地区气候干燥、四季分明，粮食以麦子、黄米、小米和高粱为主；长江流域气候温和湿润，粮食以稻米为主；青藏高原地区则以青稞为主。于是，不同地区的白酒由于采用了当地特有的粮食，带来了口味上的重大差异，尤其像青藏地区的青稞酒，几乎自成一系。

虽说五谷杂粮都可制酒，但在我心中，最适宜制酒的粮食当属高粱。

首先，高粱中含有一定量的单宁物质，其衍生物包含丁香酸和丁香醛等香味物质，能增加白酒的芳香风味，而且在发酵中，单宁物质可抑制有害微生物的滋生。

其次，高粱含有丰富的氨基酸，包括赖氨酸、胱氨酸、色氨酸、精氨酸、亮氨酸、异亮氨酸等。这些氨基酸经发酵可转化为高级醇类，成为白酒香味的重要组成部分。也就是说，高粱独特的氨基酸成分是高粱酒香的一大原因。

最后，高粱含有钙、磷等矿物质及维生素 B_1 和 B_6。和玉米相比，它的泛酸（维生素 B_5）、烟酸（维生素 B_3）和生物素（维生素 H）的含量更高。这些元素让高粱酒不仅口感好，营养价值也高。

因此，目前市面上可见的高档白酒，尤其是贵州茅台镇所产的一些品牌酒，均以高粱为主料，至于风靡东亚的我国台湾地区的高粱酒，更是最大程度地发挥了高粱的价值。

"单粮"的诱惑

"兄弟，我要做一款比五粮液还牛的白酒。来来来，聘请你当个参谋。"

2017 年的一个傍晚，我接到了一位企业家大哥的电话。电话那端，大哥异常亢奋，向我说了他的白酒创业计划。

"比五粮液还牛？"我倒是很好奇。

"对啊，我做个九粮液。他'五'，我'九'，我比他厉害。"大哥的话，差点让我喷出刚喝的一口水。

太尴尬了，他竟然认为"九粮液"更牛。我该如何纠正他呢？

顾名思义，"五粮液"指的是五种粮食制酒，包含高粱、大米、糯米、小麦和玉米。其中，高粱含量超过30%，大米含量超过20%。

这是典型的"多粮酒"，是由两种及两种以上的粮食酿制的白酒。说实话，我国粮食虽然种类多，都可以制酒，但能制出好酒的品种有限。经过千百年来的实践总结，人们得出有五种粮食最适宜制酒，即五粮液所用的原料。在白酒界普遍有这样的说法："高粱酿酒香，大米酿酒净，糯米酿酒浓，小麦酿酒冲，玉米酿酒甜"。这正是五粮液的卖点。

不过，五粮液究竟好不好呢？

要回答这个问题，我们就要明白多粮酒的价值有多大。

与多粮酒相对的是"单粮酒"，即由一种粮食酿制的酒。这两种酒孰好孰坏，业界一直有争议。在目前的市场格局中，以多粮酒为主打产品的传统品牌占据主导位置，消费者也习惯了多粮酒，对单粮酒知之甚少。

事实上，多粮酒原料类别多样，发酵过程更复杂，不同原料的发酵时间和代谢物不同，而且，混合在一起的杂粮并不易于发酵，只能掺入力度更强的发酵剂，但这会产生较大的杂味。因此，多粮酒在成酒后需要猛烈勾调，来冲淡杂味。

不同粮食味道各异，如果制酒技术不佳，即使经过勾调，酒液仍充斥杂味。

相比之下，单粮酒的工序更明确，毕竟单一品种的粮食对环境和发酵剂没有多重要求，然而，要酿制一瓶高品质的单粮酒，对工艺的要求也十分严苛。

以高粱酒为例，它对高粱的品质、水质、发酵剂、气候和温度的把控均有十分明确的要求，目的是保证单粮酒的纯正。

可以说，一瓶高品质的单粮酒带有浓郁芬芳的自然风味，其血统高贵、酒体厚实、香气纯正清洌，饮后口腔无残留异味，更不会酒后头疼。

放眼全世界，外国酒亦如此。无论威士忌还是朗姆酒，采用单一粮食或果实酿制的酒，香味最为自然纯粹，最能反映其由原料转化而成的真实魅力，价格往往最贵。就连葡萄酒和啤酒，也是这样。

身为多粮酒的代表，五粮液的工艺虽讲究，但我还是更喜好单粮酒。至于那位老兄要做的"九粮液"，简直比五粮液更低了四个档次。天知道，他为了凑够九种粮食，会掺入什么稀奇古怪的东西——藜麦？红豆？这样制出的酒味道该有多杂，还能喝吗？

真正的独一无二

纯粮酿制和固态法，让中国白酒与众不同。正因这种独特的原料和制法，催生出中国白酒的另一个独家元素——"酒曲"。

酒曲让中国白酒成为世间的独一无二。

酒曲即发酵物质，富含曲霉等微生物和发酵菌。与粮食混合后，这些微生物会分解成淀粉酶、糖化酶和蛋白酶，促进粮食中的淀粉和蛋白质转化成葡萄糖和氨基酸，在酶类物质的持续作用下，进而分解成乙醇、乙酸乙酯和其他香味物质。

因此，在粮食发酵时添加的酒曲，对白酒的浓度和醇香程度起着决定性的作用。

再看用于外国酒发酵的酵母，虽和酒曲同属发酵物质，却不能用来酿制中国白酒。

酵母属于单细胞真菌，无氧呼吸时可将原料中的糖转化成乙醇和二氧化碳，适宜以水果为主要原料的外国酒。由于酵母无法将粮食中的淀粉和蛋白质转化为氨基酸，不能实现粮食的彻底发酵，无力承担中国白酒的固态发酵重任。中国白酒，唯有依靠酒曲。

酒曲之所以能与中国白酒如此契合，因为它本来就是为中国白酒而量身定制的，是典型的人工发酵剂。

常规操作中，人们将粮食蒸透后，移入曲霉的分生孢子，然后通过控制温度和湿度促使粮食进行原始发酵，此后，粮食上会长出茂盛的菌丝。此菌丝即原始的酒曲。

在现代制酒工艺中，人们用原始发酵获得的酒曲混合高温蒸煮的各种谷物，再保温发酵，制成更成熟的酒曲。通俗来看，酒曲由发霉的粮食演变而来。

可不要小看酒曲，它的历史接近于目前可考的文明史。

目前可查的关于酒曲的最早记录，源自古老的《尚书》。

《尚书》是儒学五经之一，是我国较早的对上古历史文件和部分追述古代事迹著作的汇编，不仅记录了宫廷和社会的生活细节，还反映了上古学者的思想。《尚书》中有个名句："若作酒醴，尔惟曲糵"，大意为"要酿制甜酒，需仰赖酒曲发酵"，旨在说明：君主需要依靠贤良的臣子辅助，才能顺利治理国家。

将甜酒比作"君主"、将酒曲比作"良臣"，可见三千多年前的智者就深知酒曲的重要作用，这意味着当时的人就深谙食品发酵原理，并掌握了酒曲制造工艺。

多年之后，北魏的农学家贾思勰编著了一部旷世巨作——《齐民要术》。"齐民"指平民百姓，"要术"指谋生方法。这是一部世界级的农业专著，记述了当时黄河流域下游地区的农、林、牧、渔等生产知识，酒曲的制造工艺在此得到全面总结。到了宋朝，酒曲工艺达到极高水平，主要表现为品种齐全、工艺技术完善、糖化发酵粮食的力度高。可以说，宋朝人对微生物及制酒的知识已经掌握得相当好，酒曲制造达到了登峰造极的水平。

如酒曲这般考究的发酵剂，仅中国白酒独有。要知道，时至今日，外国酒制造仍在使用天然发酵剂或简单加工的发酵剂，整体工艺甚至不及我们宋朝时的水平。

可见，中国白酒深藏着我国古人对粮食的透彻理解和情感升华，酒曲更体现了我国古人从自然界中获取灵感，巧妙利用微生物的智慧。在我看来，酒曲乃世间最高级的发酵剂。

在我国绵延数千年的制酒历史中，酒曲的加工技术日渐成熟。基于不同的地理环境、采用不同的粮食制成的酒曲差异很大，当前，酒曲的派别主要有大曲、小曲、红曲和麸曲。

其中，大曲采用大麦和小麦，有时也会添加其他粮食，如豌豆等，经过特殊加工制成。根据不同的白酒口味需求，制作大曲的配方也不同。因为大曲的制作工艺最讲究，制酒效果最佳，中国白酒的大多数名品都采用大曲发酵。一些白酒品牌的名称会直接包含大曲字样，旨在体现自己的酒香。这说明，大曲本身就是个卖点。

与大曲不同，小曲的个头较小，普遍使用米糠或米粉，加入中草药制成。小曲个头虽小，效力却很大。采用小曲发酵，粮食转化率高、用曲量少、出酒率高。制酒中，小曲的用量只需原料的1%，而大曲的用量则要到15%以上，甚至达到100%。

这并不意味着小曲比大曲好，事实上，人们用大曲制酒，看重的是相关微生物带来的呈香物质，而小曲的使用，看中的是微生物本身，小曲的强大发酵能力，能带动原料进入充分发酵的状态，正所谓"牵一发而动全身"。

除了大曲和小曲，红曲也是一种常见酒曲。

红曲以籼米为原料，用现代分离技术制成，主要成分是糖化酶。基于现代技术的红曲主要用于酿制液态法白酒，还可用于医学和食品加工，包括制作食用酒精和医用酒精等。

酒变

毋庸置疑，红曲的品质和价值较低，无法制出真正优良的中国白酒。

另外，酒曲还有一种相对廉价的品质，名为麸曲。这是一种近代出现的酒曲，用谷物外壳为原料，加入富含微生物的引子制成，在需要节约成本时可替代大曲和小曲，但其品质就可想而知了。

看来，酒曲的演化向我们诠释了这样的道理："越传统，越美好。"只要按照最传统的方式去做，就能得到最佳酒曲，那些所谓的简化创新，直接把中国白酒带偏了。

记得在20世纪80年代，贵州一带流行着一种工艺考究的白酒，考究之处就在于酒曲的灵活运用。制酒前，酿酒师傅会分别制造大曲和小曲，并加入一些中药材。在发酵中，酿酒师傅先用小曲将原料充分糖化，再用大曲引导发酵。因此，这种酒在传统酒香的基础上，还散发药香。

如此烦琐的制曲和制酒过程，对酿酒师傅的技术和经验要求甚高，对酿制环境和设备要求甚严，但成品美妙至极。非常可惜的是，由于产量低，这种工艺复杂的酒在当前追求快速的产业环境下显得格外另类，加之在低价液态法白酒的冲击下，相关的酒厂先后没落，酿酒师傅散落各处，不得不去别的行业谋生。

这对中国白酒绝对是致命的打击。

直到近几年，少数"酒民"才回过味来，意识到这种传统手工酒的价值，开始尝试在偏远地区寻找老酒的味道。

内在香，才是真

两年前的一个清早，躺在床上翻看手机的我，被一则新闻惊得直接坐了起来。

某一主打"老窖"概念的白酒品牌，建了一座中西合璧的酒庄，全部采用外国酒所用的橡木桶窖藏中国白酒！

据说，这是一种白酒创新思路，打破了中国白酒的无色透明传统，让酒体呈现如威士忌一般的琥珀色，有助于中国白酒向年轻化、国际化方向发展。

看到这里，不禁让人苦笑。都早已进入 21 世纪了，我们的中国白酒人仍在用仰慕的眼光看待外国酒，认为模仿外国酒就是走向国际了，这样做简直是要浇灭他仅存的一丝自信。

威士忌是典型的橡木桶窖藏外国酒，其身价的一半就源自橡木桶，因为蒸馏后的威士忌涩口难咽，置于橡木桶中即可通过单宁酸来丰富口感，实现外援增香。

相比之下，中国白酒在由酒曲主导的固态发酵过程中，可以让粮食中的醇类和酯类物质充分释放，再依靠到位的固态蒸馏，进一步提高醇类和酯类物质的比例，令酒体肥美四溢。

这是一种典型的内源增香。中国白酒，喝的就是这股子自然的粮食香，何须外援？

如果一定要用橡木桶窖藏中国白酒，也不是不可以。在介绍威士忌时，我就曾提及用橡木桶窖藏中国白酒的实验。本就醇厚的中国白酒，经橡木桶窖藏后，散发出更加香甜的味道，这是因为中国白酒也如威士忌一般充分吸收橡木中的大量单宁酸及酚类物质，令酒体色泽从无色透明变为琥珀色，并散发出类似威士忌的果木香。

单纯为了尝鲜而这样做，倒是无妨，若批量生产并冠上创新白酒的称号，实为不妥，毕竟橡木桶过于抢味，硬是将中国白酒"调制"得不伦不类。

走向国际，并不是一味迎合，更不是模仿外国酒。

中国白酒的特色来自酯醇类物质的香气、晶莹剔透的酒液，还有独特的窖藏工具。

会呼吸的窖藏

窖藏是酿制蒸馏酒的必经步骤，中国白酒也不例外。通过窖藏，中国白酒的酸、酯、醇、醛、酮等微量成分之间会进行一系列的氧化、还原、酯化及水解反应，直到建立新的平衡，生成新的酸类和酯类物质，从而增添酒香，使酒味变得柔和醇厚。

由于独特的物质构成，中国白酒需要适合自己的窖藏工具。

在近千年的酿制实践中，我国古人一直在思考这个问题。

最初，中国白酒的储存容器是木制的。不同于橡木桶，这种木制容器的体积非常庞大，装满酒后重达数吨！因此，这种木制容器被冠名酒海。

除了木制，酒海还可用荆条编制，不讲究形状规则，只求体积庞大。

酒海是在中国白酒制酒中出现的独特窖藏工具，有着上千年的历史。为何要将它做得如此巨大？

相比橡木桶窖藏，酒海窖藏有一个显著特点：木头或荆条不与酒体接触。

原来，我国古人在制成酒海后，还要在内侧贴上数层毛边纸，作为酒与容器的屏障。为了防漏，人们会在毛边纸上涂上动物血液和石灰，并喷上高浓度的白酒，使血液中的蛋白质脱水凝固，让它达到防漏效果。

这就引发了一个问题：动物血液长期接触酒液，可能会溶出含氮物质，在酒液里滋生血腥味。为了降低这种影响，人们将酒海造得硕大无比，直到血液的接触面积可以忽略不计。

即便如此，木头、荆条和动物血液仍然太抢味，会让酒液变得太浓郁，加之酒海本身过于庞大，难以搬运，于是，试图改良白酒口味的人，发现了一个更适宜窖藏白酒的工具，即陶器。

我国的陶器制造有着上万年的历史，在各大博物馆中展出的史前文明遗物中，基本以陶器为主，说明制陶技术在史前时期就很普及。

陶器通常由黏土烧制，质地比瓷器粗糙，呈黄褐色，最大的特点是透气性好。用陶坛窖藏白酒时，空气中的氧气可进入坛内，与酒体产生"微氧循环"。也就是说，坛内的白酒可在密封的环境中自由"呼吸"，加快酒的酯化、氧化、还原反应的速度，并有利于酒体中硫化氢等易挥发物质的消散，从而去除杂味。

有资深的"酒民"发现，在陶坛中存放过的酒，喝起来非但不头疼，还有清爽之感，便认为是陶坛为酒赋予了灵性。

这并非空穴来风。陶坛存放过的酒的确不易使人头疼，对此，现代科学可以清晰解释：蒸馏酒中含量最高的物质是乙醇，它是致人头疼的"元凶"。通常，酒中的水分子和乙醇分子会形成不稳定的小分子团，人饮酒后，不稳定的小分子团会迅速释放乙醇分子，在极短的时间内冲击肝脏。

当肝脏超负荷工作，乙醇就会趁机溜入血液，随血液循环进入大脑和心脏，使血压升高，引发头疼。

若将酒置于陶坛窖藏并储存，陶坛本身携带的铁和钙等微量元素会溶解到酒中，使水分子和乙醇分子形成稳定的大分子团。这种大分子团呈胶状，具有让乙醇缓慢释放的功能，可以让肝脏从容分解乙醇，避免肝脏在短时间内遭受大量的乙醇分子的冲击，也不会让乙醇轻易溜入血液。

陶坛与中国白酒，真乃"天造地设，神谋化力"。可以说，点燃东亚文明之火的制陶技术，冥冥之中成为中国白酒登峰的最后一把推力，让中国白酒得以拥有独特的品质。

越来越多的酒民意识到，在陶坛里走了一遭的白酒，有益香味成分更多，喝了味道真的变好许多。久而久之，人们除了用陶坛窖藏白酒，还会用它来储存白酒成品。

那些用于制酒和藏酒的陶坛，也有了专属名字"酒坛"。

透过小小的酒坛，我们能看到中国白酒的真实写照：一个个酒坛里装的晶莹液体，并不代表绝对的恶。所谓的"酒误人事"，只不过是人们对酒的恶与善的武断评价罢了。

酒坛，装的不是酒，而是"心情"。

只要用心的人在，中国白酒就会用最长的生产周期，借由世界上最为复杂的酿制技艺，为大家呈现最丰富的风味，带来最强烈的感官冲击。

从粮食的固态发酵，到固态蒸馏，再到陶坛窖藏，由于固态法则的延续，中国白酒得以出现不同口感的香型，比如很多"酒民"熟悉的酱香、清香、浓香等。若将这些香型品个透彻，倒也能传一番佳话。

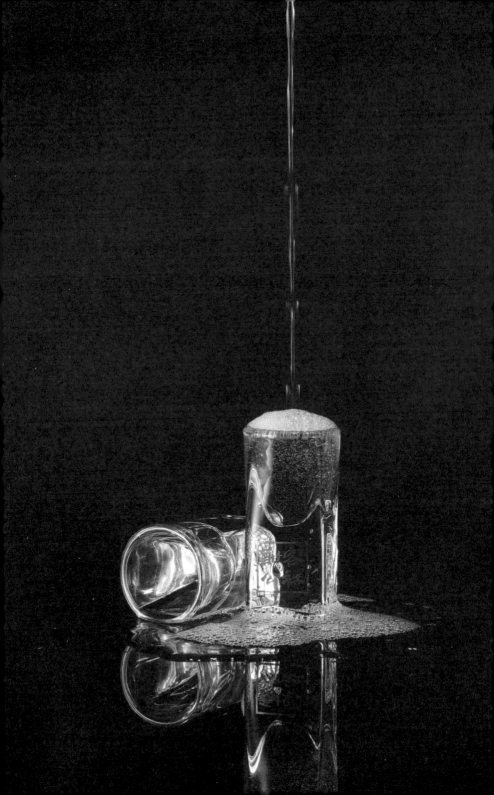

第10章

品透一坛酒，误会
自然消

酒变

嗜酒的大侠

人在江湖，难免受伤，但像华山派大弟子令狐冲一样频繁受伤的高人，还真不多，或许是因为他实在太好斗。

有次，令狐冲被"剑宗（华山派的一个分支）"暗算，一开始只是小伤，却被桃谷六仙和不戒和尚乱用真气治疗，结果令狐冲体内有8股真气乱窜，被折腾得痛不欲生，就剩了半条命。

为躲避"剑宗"的追击，华山派众人乘船南下，行至开封府时，有江湖人士给令狐冲送来了山珍海味和名贵药材，还有16坛陈年好酒。

令狐冲好饮酒，便迫不及待开坛品尝。酒坛一开，香气扑鼻，令狐冲大喜，让人取一个大碗，连喝了三大碗酒。他大呼："好酒！好酒！"

这时船已靠岸，只听岸边有人同样大呼"好酒，好酒！"。令狐冲便向岸上望去，柳树下坐着一位面黄肌瘦的老书生，眼大无神且目光呆滞，只见他伸着脖子猛吸空气，陶醉得直呼"好酒"。

　　见这奇景，令狐冲便对书生说，兄台又没品尝，怎知这是好酒？

　　闻这香气，便知是藏了62年的三锅头汾酒，当然是好酒了。书生是这样答的。

　　瞧这口气，看来极其懂酒，令狐冲对书生有了兴致，便邀其到船上喝酒。互报大名得知，这位书生是祖千秋。

　　见令狐冲递过一只碗，祖千秋满脸不悦，说，令狐兄虽有好酒，却无好酒杯，实在可惜啊！

　　旅途中确实不便，只有些粗碗，兄台还请不要介意。令狐冲这样说。

　　非也。令狐兄对酒杯毫不讲究，有悖饮酒之道。饮酒须得专属酒杯，喝什么酒，就要用相应的杯。

　　喝酒居然还有如此多要求？祖千秋的话，让令狐冲十分好奇，很想听个究竟……

　　以上关于令狐冲和祖千秋的对话，出自金庸先生脍炙人口的武侠小说《笑傲江湖》。《笑傲江湖》中有诸多神来之笔，祖千秋对于酒杯的阐释就是典型桥段。就"喝酒用什么杯"这个问题，祖千秋有着这样一番论述。

　　祖千秋道，喝汾酒，当用玉杯。对此，祖千秋引用了唐朝大诗人李白《客中行》的诗句"兰陵美酒郁金香，玉碗盛来琥珀光"。由于汾酒在唐朝时盛行，故而用唐诗来证明，玉碗和玉杯能为这汾酒增色不少。

酒变

对于高粱酒，祖千秋则建议用青铜酒爵，因为高粱酒乃最古之酒。古到什么程度呢？祖千秋说，夏禹时仪狄作酒，禹饮而甘之，便是高粱酒。他还说，世人眼光太短浅，只知道大禹治水，殊不知治水只是其中之一，大禹真正的大功，你可知道？

造酒哇！令狐冲和船上众人一同答道，随后大家开怀大笑。

正是。祖千秋道，饮这高粱酒，须用青铜酒爵，始有古意。

再看关外白酒，祖千秋认为当用犀角杯饮用，因为关外白酒味道烈，且少了芳冽之气，用犀角杯盛之，即可缓解烈性，醇美无比。

此后，祖千秋又分别针对五种美酒，提出了当用五种酒杯，让令狐冲等人惊叹，原来喝酒真有这么多道理。面对佳酿若无佳杯，实在是遗憾。

这番"论杯"，成了《笑傲江湖》中最精妙的片段之一，它颠覆了传统武侠剧的情节，不再把酒作为江湖人士的交际媒介，转而成为核心角色。金庸先生借祖千秋之口，将一众侠客带进了一个文雅的酒世界。在武侠世界里，酒不可或缺，但酒绝不只代表"三碗不过冈"的江湖厮杀，而是可上台面的高雅之物。

像令狐冲这般嗜酒的大侠，他们对酒的好感与生俱来，尤其钟爱豪饮，但他的酒侠之道，是在漫漫江湖路上学习而来的。

最初在洛阳，令狐冲结识了隐居在绿竹巷中的高人绿竹翁。在促膝交谈中，令狐冲听到了天下美酒的来历、气味、酿造工艺和窖藏之法，对酒有了初步认识。

后来，令狐冲时常与田伯光在酒楼中喝到碗干，喝完直接开打。在这一来二去之中，令狐冲对酒的认识更深一层，乃至后来在梅庄，对酒表现出深刻理解的令狐冲，让四庄主丹清子产生了浓厚兴趣，取来珍藏美酒与其共享。

酒，虽不是生活必需品，却是人行走江湖所不可或缺的。令狐冲因酒结下的善缘，绝非靠着豪饮，而是靠着他不断提升的饮酒品位和不断上升的人生境界。

与令狐冲一样，钟爱中国白酒的酒民，多为敢爱敢恨之人。本性潇洒的他们，对酒散发出出自本能的依赖，甚至有不讲究的酒民，靠十几块钱一瓶的白酒解馋。

酒民若不懂酒，不会品酒，即使杯中装着绝世佳酿，也会像"牛嚼牡丹"一般浪费好物。若能在饮酒中偶遇"高人"，得到如祖千秋一般的高人点化，你就可打开饮酒知识的大门。这位"高人"可能是别人，也可能是自己。

当别人围着一坛酒大呼"好酒"时，你却能品出这酒到底香自何处，说明你拥有很高的境界。倘若你知道得更多，那简直能在酒的世界里笑傲江湖了。

香型大"论剑"

酒香自何处？

此问题似乎很好回答：酒香，主要来自粮食原料发酵后产生的醇酯类物质。

答案虽没错，但说法过于学术，不太好理解。

置于外国酒世界中，这个问题并不难回答，因为它们的口感特征太明显，比如朗姆酒，它以甘蔗渣为原料，通过一些香精调味，制出的酒的口味往往为人们所熟悉，像柠檬、樱桃等口味。再比如泥煤味威士忌，味道来自泥煤的烟熏过程。威士忌以大麦为原料，经过热水浸泡发芽后，还要用泥煤烘干，就有了这股子味道。

另外，外国酒大都采用橡木桶窖藏，利用橡木增香。因此，无论威士忌、白兰地，还是龙舌兰，均被橡木桶牢牢掌控了口感。橡木桶本身所具备的气味，如咖啡味、坚果味等，决定了酒的口味。

究其原因，外国酒的液态制酒工艺使它本身味道寡淡，所谓的香型均来自外界的添加物，极易辨别。

相比之下，中国白酒采用固态法，实现了内源增香。换言之，中国白酒的香味，来自粮食与"酒曲"的复杂反应和多种微生物的活动，这种香味特殊而多样，在自然界中难寻参照标准。这也是中国白酒的独一无二之处。

不过，中国白酒在千百年来始终未形成如现代化酒厂那样的规模化产业，特别是 20 世纪多年的战争纷扰，让中国白酒的制酒体系几近破碎，直到中华人民共和国成立时，中国白酒仍沿用着作坊模式，市场上流通的多为散装无品牌产品，它们被老百姓称为"老白干""二锅头""烧酒""高粱酒"，或直接用地名、人名来命名。

当时，鲜有人能品遍大江南北的酒，并对各种不同的香味进行分类。

后来，相关部门开始重视中国白酒产业的发展，制酒业即刻进入整顿恢复阶段。1952年，第一届全国评酒会在北京召开，这次评酒会的基础条件较差，评选依据只是市场规模和化验指标。这次评酒会，深受国家领导人青睐的茅台酒夺冠。

值得一提的是，当年恰逢"液态法白酒"开始在北京试行。

十一年后的1963年，第二届全国评酒会如约而至，名噪一时的茅台酒遭遇滑铁卢。评比擂台上，茅台酒先后被五粮液、古井贡酒、泸州老窖特曲等品牌击败，仅位列第五。这引起了一些领导的重视，安排白酒专家赴贵州茅台酒厂指导工作。

经过近三年的研究，深入茅台发酵间的专家们发现，乙酸菌主要集中在窖底，而其代谢的己酸乙酯成分源于己酸菌的代谢物质，而己酸乙酯是酒体浓香之关键。

同时，另一批白酒专家在山西汾酒厂开展试点工作，总结并改良汾酒生产。大家在剖析汾酒主要成分时发现，己酸乙酯是构成酒香的主体物质。

那么问题来了：茅台酒的己酸乙酯含量有限，论香味浓度，肯定敌不过己酸乙酯含量丰富的酒，但这并不能说明茅台酒不好，因为其本身的香味更复杂，会呈现一种多层次的口感。

实际上，第二届全国评酒会的规则确实不够完善！当时，主

酒变

办方将千姿百态的白酒放在一起盲品，评委只能按照色香味打分，在残酷的车轮战中决出优胜。"香味越浓，分数越高"，这种简单粗暴的评分规则主导赛场，香味浓的酒自然占尽优势。

这犹如将全国各地的美食混合在一起评比，依据香味浓度决出胜负，没有考虑到它们各自的风味特色。

当然，专家们意识到了问题的严重性。于是，在第三届全国评酒会召开的前一年，专家们在湖南长沙举行了一次内部会，决定改变评酒规则。

这次会议提出了"对白酒进行香型划分"的说法，并对来年全国评酒会提出了新规则：依据香型、制酒工艺和发酵剂的不同，对白酒进行分组，按香型将其划分为酱香、浓香、清香和米香。

为规范白酒香型标准，专家们还不吝笔墨，写出了四类基本香型的感官评语。

酱香型酒：酱香突出、幽雅细腻、酒体醇厚、回味悠长；

浓香型酒：窖香浓郁、绵甜甘冽、香味协调、尾净香长；

清香型酒：清香纯正、诸味协调、醇甜柔口、余味爽净；

米香型酒：蜜香清雅、入口绵柔、落口爽净、回味怡畅。

对于想要编入某个香型的白酒，专家提出了香型特征、原料、工艺、市场规模等一系列要求。茅台酒凭借酱香、窖底香、醇厚等特点被归入酱香型酒。

1979 年，第三届全国评酒会在辽宁省大连市召开，首次用香型来区分不同特色的白酒，并让它们按香型分组打擂。至此，中国白酒的香味分类难题得以解决。

酱香的秘籍

设立香型概念的本意，是为划分白酒品类提供理论依据，让各品类白酒保持高质量并发扬各自特色，并非要设计一个营销工具。

就拿酱香型酒来说，之所以如此命名，因其具有类似豆类发酵的酱香味道。这是高粱和小麦在反复高温发酵中产生的味道，与真正的豆类发酵味道不同，它还透着一股子"焦煳香"。

在第三届全国评酒会前夕，专家们特别分析了酱香型酒的成分，认为酱香型酒的各种芳香物质含量较高且种类多，所以香味丰富，属于拥有多层次香味的复合体。

具体来说，酱香型酒的香味可分为前香和后香。前香是入口时所感受的滋味，来自沸点低的醇、酯、醛类物质；后香则由沸点高的酸性物质组成，回味悠长，有持久的余香。某些名酒展示出的"空杯留香"，这个香就来自浓郁的后香。前香和后香相辅相成，令酱香型酒的口感细腻复杂。

茅台是酱香型酒的代表，也是酱香型酒的重要参考。广义上的茅台酒，指贵州省仁怀市茅台镇出产的传统工艺白酒。酱香型酒的概念普及后，大小酒厂如雨后春笋般出现在赤水河畔的茅台镇，有一些酒厂还在探索最传统的酱香型酒制酒工艺。

最传统的酱香型酒制酒工艺果真存在吗？它到底是什么模样？

众所周知，中华文明起源于多年前的夏商时期，那个时期留下的典籍并不多。

其中，有一部详细记录周朝官制的典籍，内容涵盖治国方略及宫廷社会的方方面面，这部书就是《周礼》。

《周礼》是价值极高的儒家经典，包含大量关于酒的描述，如"辨三酒之物，一曰事酒，二曰昔酒，三曰清酒"。

这"三酒"为何物？据推测其是周朝宫廷用酒的分类。其中，"事酒"专门为祭祀而准备，即有事时才酿制，故酿制周期短，酒制成后立即用于祭祀，无须窖藏。"昔酒"是经过窖藏的酒，可供人饮用。而"清酒"，大概是经过过滤和澄清的"昔酒"，酒体更加清澈。当今日本所盛行的清酒，应源于此。

从《周礼》对"三酒"的明确定位可见，早在数千年前，我们的祖先就有一套很完整的制酒工艺流程，并总结出了丰富的制酒经验，甚至在某些细节上领先于今天。

周朝之后，中华大地进入春秋战国的纷争时期。风云争斗中，秦始皇统一六国，中华大地迎来了数百年的秦汉大一统时代。

就在荡气回肠的秦汉时期中，诞生于贵州赤水河畔的酒，被一位史学家悄悄记录了下来。

汉朝有位专门掌管修史的官员，名为司马谈，他将家族特有的记史意识传给了儿子司马迁。于是，司马迁立志编写一部史书，记载从黄帝到汉武帝这三千年左右的历史。

此后，司马迁用了十多年的时间，收集研读各种史料，最后终于完成了约53万字的史诗级巨著《史记》。不得不说，古人十年如一日专注于一个目标的精神，的确值得我们好好学习。

《史记》不仅记录了秦汉社会的方方面面，也记载了周边部落的风土人情。其中，《西南夷列传》一文记载了我国西南地区不少地方的民风民俗。

根据《西南夷列传》所述，公元前130多年，汉武帝刘彻品尝了夜郎国（今贵州西南部）所产的名酒"枸酱"，情不自禁地称赞"甘美之"。"枸酱"，据说是茅台镇赤水河一带生产的，用水果加入粮食经发酵酿制的酒。此后，汉武帝就派大将唐蒙到贵州开辟夷道，专门取道茅台镇。

这是一段流传很久的佳话，以至于到了1000多年后的清朝时期，还有诗人赋诗"枸酱乃从益部来"。"益部"，即茅台镇的旧称。

这"枸酱"到底是个什么味道，恐怕再也没人能尝到了，但有一点毋庸置疑，至少在汉朝时，茅台镇的制酒工艺就相当成熟了。经过近千年的流传，茅台镇逐渐形成了以"沙工艺"为特点的制酒工艺。

"沙工艺"主要包含"重阳下沙"和"回沙工艺"。这里说到的"沙"，是指独产于贵州的红缨子高粱，其颜色呈红色，细小而紧实，光泽度高，故称为"沙"。所谓"下沙"，指第一次投放原料。

酒变

因此，"重阳下沙"，指在重阳节进行"下沙"操作。为何要选重阳节呢？因为每年重阳节至第二年端午节之间，正值红缨子高粱成熟，也是赤水河水质最好的时候，河水清澈见底，为制酒提供了最好的用水。同时，整个茅台镇的温度也到了最利于发酵的时候，有利于培养微生物。

可以说，每年重阳节是茅台镇酱香型酒的一个生产周期的开端，这背后是古人对自然气候变化的合理把握。

再看"回沙工艺"。早在元明之际就已出现的"回沙工艺"，基本奠定了酱香型酒的酿制技艺和酒体风格。所谓"回沙工艺"，是指将红缨子高粱多次蒸煮，而不是一次性榨光酒分。

在近400年的"回沙工艺"实践中，茅台镇酱香型酒的制酒流程逐步固定，即端午踩曲、重阳下沙、两次投料、九次蒸煮、八次加曲、七次取酒、以酒勾酒、五年窖藏。

这种流程古朴神秘，十分有趣。

此外，素有"八山一水一分田"之说的贵州土地稀少，不具备用砖砌窖的条件，人们索性就地取材，借河边河滩的仅有平地，用石头垒起窖池四壁，即"石壁泥底窖"，由此带来了己酸乙酯丰富的窖底香。正是这些独特的条件，让茅台镇的酒具有独一无二的酱香味。

这就是传统的酱香型酒的制酒工艺。

片刻的"国威"

到了清中晚期，茅台镇的制酒产业已经风生水起，诞生了"茅台春""茅台烧春"等享誉海内的品类，更获得了"风来隔壁千家醉，雨过开坛十里香"这样的高度赞誉。

然而好景不长，从清末到民国年间，我国深陷内忧外患之中，尤其是在 20 世纪初期，国力衰弱、列强入侵、内部纷争、民不聊生等一系列问题阻碍了制酒业的发展，茅台镇冷清了许多。

这时的大洋彼岸，美洲巴拿马运河开凿成功。为表庆祝，美国政府于 1915 年在旧金山举办了"巴拿马万国博览会"。当时的美国政府高度重视中美关系，特意邀请中国代表团参加。为此，北洋政府成立了农商部，让其全权办理参展事宜。

当时，农商部在全国集合了约 10 万件展品，包括教育、工矿、农业、食品、工艺美术、园艺等门类。其中，茅台镇的酱香型酒就包含在白酒品类中。

博览会开幕首日，参观者如潮水般络绎不绝。出于对古老而神秘的中国的好奇，在当天 20 万的参观者中，近一半的人前往中国馆参观，包括当时在任的美国总统、副总统，以及美国各部门的一些高级官员。

就在展出按计划进行时，出现了一个意外。

搬运展品时，某位工作人员失手打翻了一坛茅台酒。没想到，阵阵酒香引来了各方嘉宾的赞叹，于是，茅台酒名声大噪，不仅夺得了金奖，还一度与苏格兰威士忌、法国干邑白兰地并列成为世界三大名酒。

这应该是中国白酒在近现代获得的最高荣誉，因此才有"怒掷酒瓶震国威"的典故。一个"怒"字，体现了当时有识之士对局势与国运的愤恨。

如今，到贵州茅台镇旅游的人，多会驻足于赤水河畔的一个小型广场。广场两侧分布着极具贵州特色的飞檐建筑，远处的青山连绵起伏。广场中央是一座雕塑，展示了一个被打翻的金色酒坛。是的，这座雕塑就是在纪念"巴拿马万国博览会"上被打翻的那一坛酒，这个广场也被命名为"1915广场"。

时至今日，能够走出国门，并在国际上具有销路的中国白酒，恐怕主要是贵州茅台镇的酒，只是，其还远未达到畅销海外的程度。

我们不得不承认，百年前因打翻酒坛而获得的赞叹，并没有极大地促进中国白酒在国际上的发展。今天，中国白酒要在国际市场发展壮大，仍需这个行业的同志们继续努力。

史书里的品牌

坊间存在一种说法：茅台酒的制酒工艺源于山西汾酒。

这种说法不无道理。在清朝年间，曾有一批山西人，频繁往来于山西和贵州，他们正是大名鼎鼎的晋商。

　　作为晋商根据地的山西，在明清时可是经济最发达、生活最富裕的地区之一。随着晋商的生意外拓，山西的制造技术、民宿风俗和戏曲文化得以传播，包括制酒工艺。

　　有人说，当年的晋商去往边远的贵州地区经商，因为交通不便，无法随身携带家乡的汾酒，索性利用贵州当地的原料，采取汾酒的酿制方式制酒。不曾想，贵州的泉水很独特，制出的酒别具一格。因此，晋商在贵州的私酿酒，影响了茅台酒。

　　目前尚无确凿证据说明，茅台酒的制酒工艺源于汾酒。不过，山西的确是将发酵技术用到极致的地区之一。就以食醋为例，传统的山西老陈醋以"大曲"为发酵剂，这在世界范围都属罕见，而山西汾酒，同样使用"大曲"发酵。

　　在茅台镇的制酒工艺中，发酵剂是以纯小麦为原料制作的高温型"大曲"。这种工艺，有从山西输出的可能性。

　　那么，以汾酒为代表的山西白酒又有何特点？

　　滚滚向东流的黄河流过黄土高原，冲出晋陕大峡谷后，在晋中大地来了一个大转弯，正好将山西收入怀抱。

　　山西制陶业发达，普遍采用陶器制酒。然而，这里四季分明，温差极大，不易控制发酵温度。于是，人们在发酵间的地面挖了深坑，把陶器放入，通过引入冷水和热水控制温度。

　　在原料方面，山西制酒选用晋中平原的高粱，以用大麦和豌豆制成的酒曲为发酵剂，采用"清蒸二次清"的独特酿造工艺。

　　所谓"清蒸"，是指每一种原料都要单独蒸透，使原料中的淀粉糊化，便于微生物参与发酵，产酒成香，同时还可让原料的邪杂味得以挥发；所谓"二次清"，指要经过二次发酵和二次蒸馏，第二次把酒取完。

如此工艺制成的酒，酒液莹澈透明，入口清香甜润。这就是典型的清香型酒。

汾酒是清香型酒的代表，据说这可能是较早成立的白酒品牌。

周朝为中华文明打下了良好的基础，在后续的千年中影响深远，而作为周朝统治的核心地带之一，山西留有诸多历史烙印，汾酒就是其中之一。

研究历史的人都不会忽略"二十四史"，它是我国古时二十四部纪传体史书的总称，记载了许多朝代的兴衰荣辱。司马迁的《史记》，正是"二十四史"之首。

"二十四史"属于官方正史，提及酒的内容数不胜数。其中，汾酒出现在《北齐书》中。

随着汉朝皇室衰败灭亡，华夏大地进入了动荡的南北朝时期。在北方，当时出现了多个少数民族建立的政权，北齐正是其中之一。

根据《北齐书》记载，北齐国都分上下两座，上都在邺城，下都在晋阳。武成帝高湛是个不思国事的君王，终日沉迷寻欢作乐，长期生活在盛产美酒的晋阳，将上都邺城交给他的侄子河南王高孝瑜守护。

高孝瑜与其叔高湛同岁，二人关系原本很好。后来，高孝瑜得罪了赵郡王高睿和武成帝的宠臣和士开，二人便挑拨这叔侄关系。此后，高湛对高孝瑜有了猜忌之心。

为了提醒高孝瑜不要有二心，高湛亲手为他写了封信，信中说："吾饮汾清二杯，劝汝于邺酌两杯。"

对于高湛的这封信，我们可有两层解读：一是，重申叔侄二人的密切关系，用隔空举杯的方式加深二人血缘感情；二是，用饮酒提醒高孝瑜，你若有二心，我可以赐你毒酒！

在这封记录于史书的家信中，汾酒的名字十分醒目。于是，山西汾酒以此为傲，总称自己是较早的中国白酒品牌。

诚然，目前无确凿证据表明，高湛家信中的"汾酒"就等同于今天的汾酒，或许，它只是汾河流域内所产酒的统称。

不过，这并不影响汾酒继续出现在故事中，因为关于它的历史故事太多了，连金庸先生都在《笑傲江湖》的"论杯"桥段中大谈"汾酒用玉杯"的道理。从正史官论到唐诗宋词，再到武侠巨著，山西汾酒可能是出现概率最高的中国白酒品牌了。汾酒拥有如此优质的品牌文化资源，着实让其他兄弟品牌羡慕。

香型"三国杀"

在第二届全国评酒会上，击败茅台的是五粮液、古井贡酒、泸州老窖特曲等品牌。这并不是偶然，这几个品牌有着共同特点：属于浓香型酒，入口微甜，甚至带有果香味。

可以说，浓香型酒的甜味容易在短时间内给人留下深刻的印象，故而在这方面拥有绝对优势。

上述品牌白酒的最显著特点是，采用泥窖发酵。有泥的地方，一般会有己酸菌和丁酸菌，会产生己酸乙酯和丁酸乙酯，方便形成浓香型白酒的主体香气。

制酒时，原料一旦入窖，剩下的时间全靠自己发酵，而发酵的效果则主要靠窖泥中的微生物。所以窖越古老，窖泥中的微生物就越丰富，酒质就越好。因此，浓香型酒多主打"老窖"概念。

此前我们所说的"小甑酒"，就属于典型的浓香型酒。

除了酱香型酒、清香型酒和浓香型酒，中国白酒的基本香型还包括米香型。不过，米香型酒自成一派，主要流行于我国南方部分地区，未形成全国影响力。原来，我国南方地区长期以来普遍以米为原料，酿制醪糟酒，后来，醪糟酒引入了蒸馏工艺，发展成为米香型酒。

米香型酒尽管贵为四大基本香型酒之一，但未诞生全国知名的品牌，所以它的存在感较低。

单看中国白酒的国内竞争格局可发现，竞争目前主要集中在酱香、清香和浓香三者之间，因为这三者的工艺最复杂，各自特点最突出。

在发酵工具方面，酱香型酒采用石窖，清香型酒采用土埋陶器，浓香型酒采用泥窖。

酒曲温度方面，酱香型酒采用高温酒曲，清香型酒采用低温酒曲，浓香型酒采用中温酒曲。

在制酒工艺方面，酱香型酒每年投粮两次，清香型酒和浓香型酒则按照轮次多次投粮。

自第三届全国评酒会之后，酱香型酒、清香型酒和浓香型酒展开了激烈的市场对决。

在 20 世纪 70—90 年代，清香型酒在我国市场上绝对是老大，不仅霸占了北方大部分市场，还渗透进南方市场，这主要是因为两个效应。

第一，领导人效应。在那个不富裕的年代，我国领导人偏爱耗粮量少的清香型酒，这为其带来了强势的品牌影响力。

第二，首都效应。在那个物流不发达的年代，首都地区的酒民们只能喝到本地产的清香型二锅头酒，首都的影响力影响了整个北方酒民的口味偏好。

进入 21 世纪，随着人们消费能力提升，国内酒的竞争格局快速变化，浓香型酒的规模反超清香型酒，成为市场新老大，五粮液和泸州老窖等品牌，迅速走红全国。

此时，清香型酒的市场已经收缩至北方部分地区，包括京津冀、山西、河南、山东、内蒙古和东北三省等地。不过，由于这些地区是消费白酒的重点区域，浓香型酒虽然来势汹汹，但清香型白酒的消费者仍然很多。

21 世纪的第二个十年，市场又在悄然变化。随着茅台酒走红全国，酱香型酒的份额快速增加。根据国家统计局的数据可知，到 2014 年时，酱香型酒的市场收入首次超过清香型酒，成为中国白酒市场上的老二。

酱香型酒的崛起，除了茅台酒自身价值的提升，还因为酱香型酒品牌的集体推动。"端午踩曲、重阳下沙、九次蒸煮、八次加曲、七次取酒"这种极为烦琐的制酒工艺，一直为业界所津津乐道。

说句实话，酒好酒坏，并不能仅靠历史故事判断。还记得中国白酒的四种价值吗？

第一，有极富层次的香味，能满足人们挑剔的味蕾。

第二，有多种微生物参与发酵，蒸馏出的酒液含有丰富的微量元素。

第三，有丰富的营养物质，能让人们在小酌的同时保持身体健康。有研究表明，中国白酒中含有核苷类化合物等多种活性物质，有益于人体健康和预防某些疾病。

第四，饮后不头疼，要让人们在一觉醒来后，感到神清气爽。

可见，评判好酒的标准，不是历史渊源和经典故事。再厚重的历史，也只能代表过去。中国白酒，需要向前看。

有人说，中国白酒不应再搞香型分类了，需要通过大融合，把各种香型酒的优点汇集起来，塑造一个完整的中国白酒形象。

这就属于不切实际了。

要知道，中国白酒属于自然发酵、人工参与的天然酿造美酒。产地的水源、土壤、气候、原料都是决定中国白酒香型的核心元素。可以说，每个产地都有独特的微生态环境，一旦离开那里，酒会立刻变味。

实际上，早在 1964 年，我国就开办过异地生产试点，试图将茅台酒复制到全国各地，让全国人民都喝上茅台。无奈，让这种酱香型酒走出茅台镇的计划以失败告终，最后，大家得出一个"出了茅台镇酿不出茅台酒"的结论。

时至今日，中国白酒的制酒秘密仍未被完全解开，制酒工艺的基础理论仅限于分析一部分微生物的种类及物质成分，对发酵过程的控制力依旧很弱。正因发酵机理复杂，我们很难准确分析出香味的具体层次。

这正是中国白酒神秘又神奇的魅力。

下篇

隐匿在酒里
的超级机遇

第11章

中年人，不该有
的危机

"中年危机"

对于"中年危机"这个词，我似乎找不到它流行的源头，我只记得，它流行了很久。

记得 2017 年，某知名互联网公司的一位中层管理人员，因公司裁员而失业，当场绝望跳楼，抛下了年迈的父母、全职太太和嗷嗷待哺的孩子。

此事在全社会引起一片哗然，并迅速分化出两个舆论阵营。

第一个阵营认为，这样轻易自尽的男人缺乏责任感。即使失业，仍有从头再来的机会，如此轻易了结自己的生命，让家人怎么生活下去。

第二个阵营认为，中年人的生活的确不易，除了肩负家庭经济支柱的重任，还在事业上承受着年轻人的挑战，进退两难。尤其是在社会竞争高度激烈的当下，中年人的发展空间所剩不多，值得理解和同情。

两个阵营的争论反映了一个客观问题：中年人的社会和家庭

责任与日俱增，它们逐步吞噬着中年人的精力，以至于某位当代作家曾感慨"人到中年，似乎举世皆敌、无可依赖"。

其实，危机不会只挑中年人下手。每个人都可能遇到危机，不论长幼。

只不过，当人年轻力壮时，一切都貌似很好，危机被深深埋藏。当繁华褪去，年龄和体力的优势不在时，危机就会暴露出来。

中年危机的导火索正是失业。

从表面上看，中年人的失业是因为激烈竞争，背后则反映了个人事业与生活的路径问题。危机降临的目的，并不是结束人生，而是促使人停下脚步，重新思考规划，修正路径。

能透彻体会危机，进而实现蜕变的中年人，将拥有年轻人所不具备的价值。

事实上，从古至今，鲜有 35 岁以下者能定鼎局势。

往远了说，在三国时期，雄霸一方的人，多是经历过重重危机的中年人。

年轻时读《三国演义》，我最佩服的角色是横霸北方的曹操，因为他有"一代枭雄"的勇气，爱惜人才，能文善战，为三国统一奠定了基础，就连"挟天子以令诸侯"都透着一股子劲儿。那时，我最不喜欢的角色就是占据西南的刘备，因为他太爱哭，骨子里透着阴柔气。

过了 35 岁，我却愈发理解刘备了。

酒变

要知道，刘备到40岁时仍没有大成就，过着寄人篱下的生活，凄惨程度可想而知。《三国志》记载了刘备的一个故事。因为长期无所事事，少出门，不骑马，他大腿上的肉又多了起来。这让他好生烦恼。他觉得自己无所作为，想起自己马上就要衰老，而功名未成，就十分悲伤。

此后，刘备收拾残局，三顾茅庐请出诸葛亮，并虚怀若谷，细心求教，让诸葛亮帮助他成就大业。

我个人认为，论能力，刘备在三国人物中算不上顶尖；论韧性，刘备却是数一数二的。正是这种韧性，让他在条件极为不利的乱世中坚持了下来。

当然，三国人物中也有典型的中年油腻形象，比如许汜。

在我看来，许汜是位国士，曾与刘备共议天下名士，被刘备责怪为"心无天下，只知道求购田舍"。原来，许汜虽有国士之名，却只知酗酒纵欲、求田问舍，并无什么志向，他对后人的贡献，只是留下了成语"求田问舍"。

许汜的所作所为，像极了当今那些中年油腻男，酗酒纵欲、吹牛无数、议论他人，甚至把自己的希望寄托在某项资产上，实在让人厌烦。

以古喻今，我们该怎么避免"中年危机"呢？

危机的根源

"中年危机"的表象是失业，本质是人在事业中的竞争力弱化，与之相伴的是心态和气质的变化。

这在互联网行业十分常见。

在 1999 年以前，互联网是个陌生的事物。随着"阿里巴巴""腾讯""百度"等公司的诞生，互联网产品开始走进生活，人们才意识到，自己有了一个连接外界的窗口。

1999 年，那是互联网人和投资人最爱追忆的年份之一，除了低房价，那时的互联网行业刚起步，是典型的新事物。当时的人们大多没想到，"阿里巴巴""腾讯""百度"等公司会在未来的 20年间，影响国内的互联网格局。

此后六年间，互联网行业迅速壮大，尤其是 2005 年，一股脑诞生了大批互联网公司，史称"2005 级创业帮"。大浪淘沙后，留下的公司组成了国内互联网行业的第二梯队。

到了 2010 年 3 月 4 日，"美团"公司成立，刮起一股"团购风"。2018 年上市后，"美团"公司的市值不断上涨，并在 2019 年超过"百度"公司，打破了 1999 年以来的互联网格局。

这种从小到大，迅速壮大的行业成长路径，在我国历史上极为罕见。

究其原因可发现，进入 21 世纪后，我们迎来了拥有充沛的资金和海量的人才的时代，互联网飞速发展成为理所当然的事情。

酒变

因为互联网行业在高速扩张，对从业者的需求量持续增加。那些年，许多人在家长的建议下，竞相报考计算机专业，只求毕业后寻得一份高收入工作。

令他们意想不到的是，在互联网行业的高速扩张中，人们的浮躁与行业内的泡沫日渐积累。在 2013 年左右，互联网产能极度过剩，泡沫开始破裂，数不清的创业项目接连撤退，大公司也开始控制规模，提升了招聘人才的门槛。

当那些竞相报考计算机专业的孩子们有所察觉时，他们发现自己已经逃不出去了。那些以前的人才不论身处什么企业，身在什么岗位，拥有什么资历，都开始面临降薪和失业等问题。

究其原因会发现，随着泡沫的破裂，互联网行业进入了有序竞争的时期。

2019 年后，互联网已经开始向移动端延伸发展，相关技术开始大面积覆盖金融、医疗等领域，行业的复杂性和挑战性大大提升，这引发了行业内相关技术、模式的频繁更迭，从业者一旦疏于学习，就会被迅速淘汰。

随着互联网行业进入"拼知识储备量、拼底层思维架构、拼创新能力、拼人生境界"的模式，没有方向，没有毅力，没有能力的人，自然会面临职业危机。

不只是互联网行业，大多数行业都进入了一个转型升级时期，无论中年与否，均面临着各种意想不到的危机。

当危机成为大多数人的普遍问题时，谁能化解或阻止危机，谁就能领先一步。

要让危机远离自己，我们务必明确自己的方向，明确自己适合做什么，明确什么行业好做。

在这其中，选对行业很重要。

创新，请让位！

就业时，你最关注什么问题？

大部分人最先关注薪水，其次关注公司的专业度。这种常规做法存在一个隐患：当前可观的收入，以及专业的公司，都可能在以后的信息时代落后。

实际上，一个人的能力并不体现在薪水高低方面，而是体现在他的知识和经验的累积程度。知识积累的程度，与从业者所处的行业息息相关。

同样的人，身处不同行业，知识和经验会有所不同。

有的行业讲究创新、颠覆，比如互联网，各种新模式和新平台层出不穷，这就要求从业者不断更新知识系统。一旦疏于学习，就有可能让自己在两年之内变成行业新手。

因此，初入互联网的年轻人，往往在第一年干劲十足，特别优秀的人，会尽力在脑海中创建自己的一套框架。到了第三年，能坚持下来的人需要深入掌握"底层逻辑"，并在新技术出现时，能够迅速搭建新的知识架构。

到了第五年，实现职位晋升的人，需要拥有独立的设计和分析能力，要成为独当一面的角色。这时如果再遇到新技术出现，他必须迅速跟进学习，并重构"底层逻辑"。

当然，我们非常鼓励从业者持续学习并创新，但在这种高速成长、频繁颠覆的行业发展模式下，从业者的既有知识积累很难在未来发挥作用，他们也无力对行业发展趋势做出精准预测。

这真成了"九死一生"！

因此，能坚持下来的人，基本都拥有天才般的头脑和过人的体力，而绝大部分从业者，很难在这种频繁的转换中坚持下来，尤其是那些成家育子之人。在繁重而琐碎的家事压力下，他们无力进行高强度的持续学习和创新。

人到中年，应尽量避开单纯比拼体力与创新频率的行业，要选择凭经验和知识积累取胜的行业。

什么行业具备"凭经验和知识积累取胜"的特质呢？

答案就是中国白酒行业。要知道，中国白酒属于典型的传统行业，制酒工艺延续了几千年。有时，一个企业遇到问题，那可能不是"新问题"，可能是行业的常见现象。

可以说，长期从事中国白酒行业的人比较幸运，因为中国白酒不需要太多创新！

就以制酒工艺来说，目前大大小小的公司均在做同样的两件事——回归传统和培育工匠。

纵观国际上的各类酒，不论外国酒还是中国白酒，其市场竞争最终会演化为文化竞争。谁这方面工作做得好，谁就能抢占更多资源。

威士忌和白兰地，在世界酒业版图中横扫许多地方，在这背后英国和法国的传统酒文化功不可没。

说实话，以英国和法国为代表的欧美传统酒文化之所以具有穿透力，并能在世界范围产生影响，离不开后人的用心。

首先，英国和法国在第一次工业革命后的多年间，一直处于高速发展期，影响着世界经济。

正所谓"经济基础决定上层建筑"，随着技术、商品、生活方式的输出，一个地区的传统文化得以充分传播。而且，经济越发达，文化传播的技术和手段就越先进。

于是，威士忌和白兰地均被赋予了传统的贵族和精英气质，具备了迷人且高冷的特性，再辅以精良的设计包装，即便浓烈的酒精冲击喉咙，人们也能顺理成章地将其形容为"百转千回"。

此外，威士忌和白兰地均设置了严谨的优劣评判标准，每个品牌都深深地植根于当地的人文和自然环境，从而具有了当地的特色。这种特色，在百年间得到持续固化。

其中，威士忌特色的固化过程更加特殊。原来，威士忌使用了一个颇有成效的套路，那就是塑造"大师"。

这些"大师"深谙制酒技艺，对原料、橡木桶、产地气候和人文环境了如指掌，有不少"殿堂级大师"，在文化、经济等领域也有影响力，很有人格魅力。通过一位又一位行业内"大师"的宣传，威士忌具备了厚重感。

因此，消费者受他们的影响，进而对酒品产生兴趣。

这不就是在塑造一种匠人精神吗？

当然，威士忌在全球推广过程中曾对口味进行创新，推出了调和威士忌，不过，经过一段时间的实验发现，酒民们还是更推崇传统的单一威士忌。

未来，传统的单一威士忌，将是威士忌的首要代名词。这一点毋庸置疑。

中国白酒有着几千年的酿制历史，由天然微生物固态发酵，其酿制、工艺和风味都独树一帜，是东方美酒中的代表之一，是一种健康安全的饮品。

作为生活中常见的中国白酒，其核心优势与价值在于传统工艺。同时，各类白酒都有不少自己的特色。

实际上，中国白酒已经经历过一系列的快速发展，也进行了相当多的创新，最典型的创新就是尝试"液态法白酒"，但结果并不尽如人意。

相比创新，中国白酒的当务之急是找回传统技艺，发掘匠人，并为其赋予文化附加值，如此其才能有实力参与世界竞争。

拿来的经验

每当我提到"不创新"的时候，总会引起很多人的质疑。

质疑的关键理由，是互联网。

在互联网经济繁荣的背后，传统行业的旧模式被严重挤压，不少传统企业在群雄逐鹿中丧失活力，直至连存活都困难。

于是，"传统行业需要向互联网行业学习进行转型创新"，几乎成了大家的共识。

不过，中国白酒行业是个例外。

盘点那些曾经倒闭的企业可以发现，因不创新而出局的情况很少，出局的大都是因为不懂得"拿来主义"。

"拿来主义"就是照搬、复制别人的做法？

其实，鲁迅先生专门写过一篇文章，就叫《拿来主义》。鲁迅先生写道："我们要运用脑髓，放出眼光，自己来拿！"

这话放在中国白酒行业很适用，因为中国白酒的重要任务是回归传统，而传统中正包含了大量的成功经验。因此，从业者只要运用大脑甄选出成功者的经验，就能拿来使用。

在中国白酒行业，我们一定要拿来的是"产地概念"，因为它能直接代表制酒技术和特色。正如"一方水土养一方人"，一方水土能孕育出有别于他处的美酒。这让中国白酒行业形成了产地众多的格局，更让中国白酒成为一部部"风物志"，极具魅力。

以遵义、宜宾和泸州三个产地为例，三者号称"中国白酒金三角"，尤其是遵义产地的赤水河一带最出名，已成为不可复制的酱香型酒的核心产地。

早在 1964 年，因异地生产试点的失败，大家得出了"出了茅

酒变

台镇酿不出茅台酒"的说法，而茅台酒早在改革开放之初，就利用产区概念进行包装。这一超前的市场营销行为，让茅台酒的价值持续提升。

"产地概念"如此重要，我们要认真对待它。"产地概念"并非玄奥之物，它就在我们身边，安静地等着我们发现。

细说"产地概念"，其核心元素就是历史文化，毕竟酒品的竞争最终会归为文化竞争，正如泸州产地沿袭巴蜀文化，吕梁产地继承三晋之道，不同产地的历史文化气质，奠定了白酒的魂。

历史文化不仅可以在书本上学到，还可以在生活中听闻到。

我年轻时，有次在山西汾阳考察工作，得到一个在农村老乡家喝酒的机会。

那时的我不懂酒，也不期待能在这穷乡僻壤喝到什么好酒。

当时，老乡一打开一瓶散装酒，一股醉人的清香就迅速占据整个房间，不仅宾客们好奇，就连本村村民都觉得稀罕。

一位老者突然开口："不要小看这散装酒，它可是出自附近杏花村的大酒厂。"

"杏花村？"我立刻提起兴致。杏花村在唐诗宋词中出现频率颇高。"借问酒家何处有，牧童遥指杏花村""杏花村馆酒旗风"……但凡提及杏花村的诗词，大多和酒有关。自古以来，汾河畔的杏花村就因制酒而出名，村民世代传习制酒，村内酒肆林立，文人骚客云集于此，把酒当歌，吟诗作赋。

因此，杏花村的制酒信息，最早留存于广大读书人的头脑中。

想必，这传下来的手艺一定不赖，于是在大伙举杯之际，我品尝了这出自杏花村大厂的酒，果然有股子沁人心脾的清香。

多年后我才恍然大悟，自己当年在山西喝的散装酒，很可能就是典型的清香型酒。

而且，那时的我有些自视甚高，没料到自己能在老乡口中获得关于历史文化的信息。

记得在酒桌上，那位老者讲了这样一个故事。

明末清初之时，在山西地区有位读书人十分有才，却不肯为清政府做官，更不愿留辫子。于是，他远离世俗生活，进山修行当道士，还学了中医理论。当时，山西地区已经有了蒸馏酒，高粱酒特别受欢迎。在高粱酒中添入中药材进行加工，就成了文人雅士钟爱的竹叶青露酒。

要说这位读书人，他可是个人才，他把竹叶青的方子加以优化，调制的酒更胜一筹，既好喝又养生。

这酒色泽透明，又泛着微绿。这位书生极其喜爱它，写下了"得造花香"四个字。至今，这四个字还被镌刻在杏花村的酒厂内。

对于老者所讲的这个故事，我半信半疑。感情这位读书人又当道士，又学中医，又做酒，世间哪有这般厉害的人！

直到后来翻阅了一本历史资料我才发现，写下"得造花香"的读书人果真存在，而且，他还不是一般的厉害。

这人名叫傅山，他不仅深谙"儒释道"，还精通"经史子集"，在诗词书法、医药炼丹方面也是高手，武术和烹饪也很拿手。都说"术业有专攻",而傅山却在多个领域达到很高的水平,学识更是深不可测。说他是个全才,实不为过。我常在想,傅山的脑子应该具备特殊基因,不然不会有如此反常的"超能力"。

由于这位厉害的人在当代知名度并不高,宣传潜力巨大,于是,当地的文化部门和山西地方常年举行纪念活动,包括开展以"傅山"命名的画展和武术比赛等。这时,先知先觉的企业主动出击,通过联合举办活动,进行品牌宣传活动。

毫无疑问,随着传统文化复兴,如傅山一般厉害的人肯定会再度"出彩",而他本人又是个酒民。借着他饮酒作赋的典故,当地的白酒品牌自然获得了宣传优势。

一旦把握住历史文化,中国白酒就有了魂。

此外,"产地概念"讲究自然条件和优势菌群的差异,毕竟,具有适合酿酒的特殊土壤、气候、水文条件和独特微生物群落的地区,方能制出好酒。

2018年以后,不少企业意识到了"产地概念"的重要性,四川和山西等地的知名品牌,开始发力塑造"产地概念"。

门槛在哪里?

通过"产地概念"的应用可知,"拿来主义"并不难实现,只要能把握住产地的历史文化、地理风物的精髓。

这不比持续不断地创新学习要简单得多?

此外，中国白酒行业的经验具有可移植性。除了用"产地概念"包装产品外，发酵池的久远程度也是重要因素。在同一个品牌中，产自不同酒厂的白酒的价格大不相同。其中，历史可追溯至元明清时期的窖池，生产的酒普遍能定较高的价格。

在市场营销方面，大部分企业采用渠道招商、渠道铺货、终端推广和团队管理等策略。能够按照传统的经验深耕细作，一般都不会出问题。所有出了问题的企业，均是这些基本策略没有实施到位。

没错，中国白酒行业中的失败案例，都存在相似之处。除基本策略没有实施到位之外，企业不成功大多是因为组织管理不善、营销水平不够、人才迭代出问题等。甚至，不少企业的业绩下滑趋势都有相似性。通常，初创两三年内的公司，业绩下滑幅度不会超过 10%，而后下滑幅度会逐年递增，产品价格会越来越低。

当然，中国白酒行业也存在创新，互联网行业也有规律可循，但是，中国白酒行业毕竟存在了几千年，可以遵循的经验远远多于互联网行业，可在现实中，其创新程度却是互联网行业的九牛一毛。

换言之，中国白酒行业的门槛并不高。

只要方法得当，一个人在中国白酒行业获得成功是迟早的事情。细心观察你就会发现，合格的企业决策者都有自己的一套方法论，包括从其他企业和各区域市场移植来的经验，并无特别多的不同之处。

正因中国白酒行业的经验可复制，企业无不重视从业者的培训工作，这能带来运营层面的利好。对于从业者而言，最大的福利就是获得培训的机会，因为这是真正的带薪在职学习。只要从业者有意在中国白酒行业长期发展，这种持续培训就能为其职业发展打磨出有用的武器。

反观互联网行业，其对从业者的要求绝不仅限于一套方法论。

我们说，在互联网行业能晋升的人，需要拥有独立的设计和分析能力，还要成为独当一面的角色。更重要的是，他们还要具备市场方面的知识背景。

互联网产品讲究用户体验，要求拿来即用。随着技术应用推进，互联网产品在不同领域的要求不同。金融、医疗、能源、商业……面向不同领域的互联网企业有着不同的商业逻辑，对从业者的能力需求不尽相同。

以产品经理岗位为例，从事银行项目和从事电信项目，工作内容差别非常大，职业发展路径也大不相同。一名产品经理入行后，必须在某个方向持续学习、发展、沉淀，成为某个领域的产品专家，这样才能保证具备较强的竞争力。而且，这位产品经理如果对另一个领域的项目进行操作，就无异于跨行业工作，过往的行业经验几乎作废，需要从头学起。

即便是技术人员，也不可能从始至终围绕技术进行工作，就算是编程人员，也要懂得业务逻辑，明白用户的需求。

如果产品面向企业级用户，技术人员还要在业务人员的协助下，推演出企业的业务场景。例如，想为用户设计一款财务系统，需要设计不同的角色，包括采购人、审批人、付款人、收货人等，不同角色的流程会错综复杂地交织在一起，任何一个环节的不合理都可能导致整个流程的重构。

对于技术团队的管理者而言，他不仅要懂技术，还要懂市场，能够和用户流畅地沟通，满足他们的新需求。

可见，互联网行业越来越需要"复合型人才"，尤其是在"互联网+"的大趋势下，行业中慢慢筑起了"既懂互联网技术和相关行业市场，又有互联网思维"的高门槛。

相比之下，中国白酒行业的门槛很低。近三十年来，行业中出现了一部分乱象，许多企业经营不善，在较长时期内部分从业群体没做好工作。虽然自2010年以来，行业竞争程度有所增强，准入和参与竞争的门槛不断提高，但相比互联网行业，中国白酒行业的竞争程度并不高。

因此，在互联网行业历练过的中年人，若改行投身中国白酒行业，很快就能发现行业问题，并能在解决问题的过程中彰显价值。在此基础上，中国白酒行业可以支撑他未来几十年专心做一件事，醉心在中国白酒行业做研究。对他而言，这简直是一种福气。

向上走，遇到谁？

入行门槛低，是否意味着中国白酒行业缺乏人才，没有厉害的人？

对于想持续进步的人而言，总希望和厉害的人一起共事。

和厉害的人一道，并不只是为了借助他们的力量，更主要的是为了得到其引领，便于自己走上捷径。

说到这里，我想到一位借助高人而走红的人，他就是清末教育家严复。

"物竞天择，适者生存"是一个我们耳熟能详的哲学命题，它曾引发大量关于社会问题的探讨。这一命题，正出自严复翻译的《天演论》。

《天演论》为近代中国人传递了制度层面的救国思想，甚至影响了一代人的世界观。不过，很多人并不知道，《天演论》其实是翻译作品，其原著是英国生物学家赫胥黎的《进化论与伦理学》。

赫胥黎可是一位十分厉害的人，他兴趣广泛又才华横溢，不仅具有科学的头脑，还具备文学禀赋。在教育领域，他曾对 19 世纪中后期的英国教育改革产生决定性的影响。在伦敦南肯辛顿博物馆内，就有一座赫胥黎的大理石像，供后人瞻仰。

尽管如此，赫胥黎及《进化论与伦理学》在我国的知名度却不高，绝对逊于严复翻译的《天演论》。

毕竟，当时我国尚且关闭着国门，人们只会用本土思维看待周遭事物，对于赫胥黎的《进化与伦理》理解有限，未必能明白其中的玄机。如果将《进化与伦理》直译后出版，恐怕不会掀起大波澜。

对于严复来说，将《进化论与伦理学》翻译成《天演论》，无异于在高人的基础上，做了一件高人没有做到的事。严复并没有简单地直译作品，而是在译文后加上按语，表明自己的观点，让《进化论与伦理学》的精髓直达东方。

可见，严复虽然搭了一把高人的快车，却掌握了在我国传播它的主动权。

依托高人，让自己也成为高人，这才是关键。

那么，投身中国白酒行业的人，有没有机会遇到高人呢？

答案是肯定的。即便中国白酒行业门槛低，从业者良莠不齐，但在爱酒之人中，高人很多。

向古代追溯，在家喻户晓的大诗人和大文豪中，有不少酒民，其中就包括大名鼎鼎的李白。

唐朝诗人李白，是一代又一代国人的诗词启蒙老师。他是千年一见的诗仙，作品既怀有侠肝义胆，又充满仙风道骨；他传奇的经历与豪放的性格，被后人津津乐道与演绎。

李白还是"酒仙"，他无酒不成诗，留下了许多关于酒的诗。他曾对天发问"天若不爱酒，酒星不在天"，对地感慨"地若不爱酒，地应无酒泉"；他曾要求自己"且须饮美酒，乘月醉高台"。

李白的足迹遍布大江南北，他曾咏道："欲渡黄河冰塞川，将登太行雪满山。"而且，他一路上必须有美酒陪伴。他曾在路上写道："长风破浪会有时，直挂云帆济沧海。"

和李白一样，东晋诗人陶渊明也以爱酒著称，而且他是我国文学史上第一位大量写饮酒诗的诗人。在现存的陶渊明诗词中，许多都提到了饮酒。

关于陶渊明，他最脍炙人口的诗句是"采菊东篱下，悠然见南山"。在那部《桃花源记》中，陶渊明描绘了梦一般的世外仙境。这是陶渊明微醺之后的神来之笔，可见，酒已成为陶渊明生活和创作的必需品。

可以说，许多艺术大师都爱饮酒，近代书画大师张大千就是典型。

张大千出生于美酒遍地的四川，是地道的酒民，更是一位高人。饮酒，他饮出了国际高度。

1956 年，张大千在法国巴黎举办了一场"敦煌石窟壁画临摹展"，由此向欧洲观众展示了古老的东方艺术。

展览后的第二天，张大千携夫人造访了法国现代派画家毕加索。

"我很疑惑，你们中国人为何要到法国来学习艺术？"

见面后，毕加索的第一句话让张大千大为吃惊，以为他对自己存在误解。而后毕加索向其解释，谈及世界艺术，首推中国人，其次日本人。当然，日本的艺术源自中国。除此之外，白种人根本无艺术可言！所以，他很不理解为何有那么多中国人要到法国巴黎学艺术。

张大千被毕加索的那些话感动，在共进晚餐期间，他向毕加索赠送了从家乡带来的美酒。或许，这是毕加索第一次品尝中国美酒。当天，两位艺术大师一起饮酒、拍照、逛花园、探讨艺术，这段历史成了一段佳话。

七十多年后，四川某白酒品牌推出了一款毕加索纪念酒，将毕加索的画作印在了酒瓶上。

可见，中国白酒对于艺术家的吸引力很大，这也源自后者本能的艺术追求。

当人饮用适量白酒后，酸醇等物质经肝脏过滤以后到达心脏，再到达大脑和高级神经中枢，刺激神经中枢，扩张毛细血管，从而对人产生微妙的生理影响，让人处于一种奇妙的氛围，回归原始的生命状态。于是，大量不朽的艺术作品在白酒的催化下诞生。

时至今日，许多在文学、绘画、书法等领域有作为的高手，都离不开中国白酒。这意味着，从事中国白酒行业，会离艺术家很近，不论是产品设计还是营销手段，要主打"产地概念"，就离不开艺术人士。

很多热爱艺术的有心人，虽不能在艺术领域中有所建树，却可以通过中国白酒与艺术家实现共鸣，进一步提升自己的艺术领悟力、感受力和欣赏力，由此提升审美情趣和思想境界，反哺自己，让自己在中国白酒行业有所作为。

我国自古以来就讲究"礼乐教化"，尤其重视"乐（艺术）"

对人思想、情感、心灵的启迪教化与净化作用。一点一滴，长此以往，有心人就能持续从高手那里得到反哺力量，让自己也成为高手。

终身不破功

老话说:"酒香不怕巷子深。"但当今却是一个"酒香还怕巷子深"的时代，在社会上竞争的人，总会努力让自己走出巷子，否则，很容易在发展中遇到瓶颈。

与互联网行业一样，金融行业也曾是无数人梦寐以求的"归宿"，无数家长要孩子削尖脑袋报考金融专业，认为将来可以多赚钱。殊不知，金融行业是个典型的"深巷子"。

在 2019 年之前的 20 年中，金融行业一直位居龙头，掌握着重要的资源和大量资金，有很高的从业门槛。学习金融专业的人，不仅要学懂知识，还需要大量的专业性技能和相关证书打基础。

只是，金融行业并无特殊优势，从业者在工作三至五年后基本就到了瓶颈期，尤其是当金融行业收缩时，门槛随之越来越高，遇到瓶颈的时间进一步提前。除非，你有与众不同的附加资源!

我的一位朋友老贾，曾经十分憧憬赚钱多的金融行业，终于在 2006 年决定转行。为此，他补足了基础知识，包括宏微观经济学、货币银行学、投资学等金融专业必修课，然后，在他人的引荐下进入一家公募基金公司见习，一年后进入一家私募投资公司工作，主要从事投前和投中业务。

对冲基金领域的风险太高，一不小心就会翻船。为了不被淘汰，他一直战战兢兢，如履薄冰，并制订了一套长期学习计划，包括研究大规模分散风险的方法、建立基本面分析的方法、构建宏观经济的视角。

然而，这套长期学习计划并没有为他带来职业安全感。从业历经十年，他终于明白了一个道理：金融行业十分锻炼人，却很难成为自己的"归宿"。尽管该行业讲究稳健、有序，但是，行业内部的上升通道却极其狭窄。

大行情对金融行业的影响极大，即"好行情多赚钱，坏行情不赚钱"，而且，在"坏行情"降临时，很多公司会直接陷入困境，就算是大名鼎鼎的国际金融公司，也难逃"坏行情"的致命碾压。

比如在美国华尔街有着多年历史的美林公司，它的资产管理规模曾位居全球第一，却抵挡不住接踵而至的风险，于2008年的金融危机（雷曼兄弟破产事件）中彻底招架不住，终被并购。

可以说，金融行业淘汰率高，很难出现常青树。

金融行业讲究附加资源。除了专业能力，从业者必须要持续不断地吸引资金和项目资源。毕竟行业竞争急剧加速，最不缺的就是专业人才，人脉资源甚至成了最大的法宝。

就拿老贾来说，他虽然在专业知识和职业技能上有所建树，却没有过硬的人脉资源，难以掌握项目资源，唯有艰难开拓。他最常和我抱怨的就是，自己需要在寒冬料峭的春节前夕去项目合作方拜年。有时，对方负责人不愿意见面，自己还要在寒风中苦等好几个小时，有家不能回。

有一次，连续两天赶写报告之后，他还要陪同项目方创始人登山，结果差点晕倒在途中。对此，他自己也很无奈，十多年来，自己的努力难以保证薪水稳定增长，而且，时常空降的管理者，完完全全地堵住了他的晋升道路，让他长期被困在巷子的最深处……

说到底，金融行业变幻莫测，除了坚守道德与风险控制底线，从业者很难把握住行业运行脉搏，很难在重复累积后实现快速发展。

相反，在中国白酒行业，你很容易把握住行业发展的脉搏。

中国白酒行业的产业链跨度很大，从原料制酒、仓储物流、研发设计、市场营销、企业运营与管理等，囊括了农业、工业、服务业三大产业。当然，随着互联网技术和移动技术的普及，中国白酒行业也出现了很新、很前沿的工作，主要集中在研发设计、市场营销、企业运营与管理等方面。

虽然比互联网行业涉及的工作种类多，但中国白酒行业的发展路径和工作分类却十分清晰，从业者能够迅速进入自己的角色。

组成中国白酒行业的是大大小小的企业，若要区分这些企业，大致可将其分为三类：龙头型、区域优势型、新锐型。

其中，龙头型和区域优势型企业，基本在行业中可排名前十名。这类企业市场规模大，从业者待遇较高，工作较稳定。当然，在这类企业中，国有企业居多，人员流动性较小，空缺职位不是太多。同时，这类企业中的晋升空间相对较小，从业者大多朝九晚五，工作强度不高。另外，这类企业的内部管理流程比较严格，要求从业者按部就班做好自己的事。

至于新锐企业，大部分为中小民营企业，管理体制灵活，同事之间不存在什么等级观念，即使上下级，在合作中也是十分平等的。

若这些企业中有成功创业的团队，其成长速度将会非常快，企业也相对稳定。这些企业往往要求从业者独当一面，甚至有一些野心，有实现自我价值的冲动。

在新锐企业就业，高强度工作是常有的事，让人感到劳累，但是，相比于互联网行业的高压力，这种高强度工作的目标感强，能够快速让中年朋友获得个人成就感，重拾自信心，积累行业资源，拥有晋升空间。一旦企业顺利融资，较快获得经济回报的可能性很大。

其实，中年人并不畏惧高强度的工作，他们只是担忧未知的未来，害怕自己的努力付出功亏一篑。人到中年，多多少少对人生世事有一些感悟，虽说谈不上看破世事，但或深或浅，对人生有了自己的认识。

酒变

然而，身处信息丰富的多元社会，大多数人的能力不足以摆脱来自大行业的影响，正所谓"当局者迷"，在一个风云变幻的行业中，大多数人的目标变得越来越朦胧，好似身在冲不出去的迷雾中一般，会持续遇到偶然出现的危机。

中国白酒行业是推动中年人群体复兴的有力产业之一。

能在一个目标明确、路径清晰的行业中工作，该是多么幸福!

当然，这份幸福来自互相的给予。有了中年人的参与，中国白酒行业更多了一份稳重，尤其对于新锐企业而言，需要借力中年人丰富的人生阅历和工作经验，来撑起行业的半壁江山。

此外，中国白酒行业不仅适合中年人参与，也向其他人敞开大门，喜欢这个行业，要实现自我价值的人，都可以尝试。

对于年轻人而言，其能较轻易地在中国白酒行业获得"第一桶金"。

第12章

你身边的『第一桶金』

酒变

回忆过去

生于 20 世纪 80 年代之后的人，很难拥有这样的童年记忆。

每到逢年过节，要问哪里的人最忙，非供销社的工作人员莫属。

那时，物资相对匮乏，人们生活的必需品要凭票取得，大到自行车、缝纫机，小到红糖、煤油、烟酒，甚至火柴、肥皂等。在那个没有商场和超市的年代，供销社成为商品流通的主渠道，几乎承揽了所有生活日用品的供应。

于是，一到年节，家家户户都要到供销社采购。生怕买不到东西的人，甚至在深夜持票排队。

当然，作为春节"必需品"的白酒，也只能在供销社见到。那时的白酒属于被动营销，没什么名气，口感却异常美妙。老一辈人常说，供销社卖的白酒不刺喉，不上头。

当老一辈人还沉浸在供销社白酒的小世界里，一件影响中国白酒行业格局的事发生了……

"香型小春秋"

1979 年，我国迎来了发展新机遇，各行各业进入了一段市场化试探时期，而中国白酒，获得了一次发展的好机会。

那一天，在辽宁大连召开的第三届全国评酒会上，专家们首次提出了香型概念，并将酒按香型分组进行品评，解决了中国白酒长期以来的香味分类难题。

浓香、酱香、清香和米香，当这四种基本香型概念问世时，人们第一次对不同产地的白酒有了准确的认识，由此，中国白酒的"产地概念"逐步被强化。

不过，四种基本香型难以覆盖所有的中国白酒，这使得一些有价值、有积淀的白酒无法在其中找到自己的位置，比如大名鼎鼎的西凤酒。

在第三届全国评酒会上，按照清香型进行申报参评的西凤酒，却因为自身风格介于浓香和清香之间，难以达到品评标准，最终落选。这个结果引起了轩然大波。要知道，西凤酒拥有很多了不起的特色，比如用酒海（荆条编成的大篓）窖藏，再比如集清香和浓香于一体的口味协调感，而且，在首届全国评酒会上，西凤酒曾被评为四大名酒之一。此次未能上榜，西凤酒感到很憋屈。

看来，酱香、浓香、清香和米香这四大香型不足以覆盖所有的好酒，于是，大家以这四大香型为基础，衍生出了更多香型，包括"浓香、清香结合的凤香型""浓香、酱香结合的兼香型""浓香、清香和酱香结合的馥郁香型""浓香、酱香和米香结合的药香型"等。

更多香型概念的推出，让具有独特工艺的好酒有了自己的行业位置。在 1984 年举行的第四届全国评酒会（白酒）上，专家们一连评出 13 种名酒，西凤酒如愿以偿地入围。

到了五年后的 1989 年，评酒会越来越盛大。在第五届全国评酒会上，专家们依据众多香型标准，一口气评出了 17 种国家名酒，包括茅台、五粮液、汾酒等。其中，浓香型白酒最受欢迎，数量最多，共占了 10 个名额。

就在这评酒盛宴进行得正火热时，人们发现了两个隐患。

第一，随着全国评酒会的持续举办，国家名酒的数量持续增长，而这一奖项又没有设计退出机制。长此以往，国家名酒会越来越多，这一奖项的含金量必将降低。

第二，当时白酒行业逐步实行市场经济，各白酒企业在直面市场大潮的过程中，有了越来越强的盈利意识。为了扩大销量，部分企业开始在评酒会举办前做公关工作，甚至用资本干扰评酒会的正常运作。

为了保证国家名酒的数量在一定限度内，避免中国白酒变成一个名利场，这项横跨 30 多年的全国评酒会被迅速叫停。

此举却留下了两个问题。

第一，1989 年评出的 17 种国家名酒，稳稳地坐在了"神坛"上，成了不可打破的"神话"。

这种不进不出的小格局，让一些名品误以为自己有了"保护伞"，在品质追求上不断松懈，品牌逐步老化。

时至今日，在这些国家名酒中，能让酒民们无条件追逐的甚少。

第二，在这17种国家名酒中，浓香型白酒占比超过一半，让人误以为浓香就比其他香型好。一时间，大家跟风模仿，导致浓香型白酒的市场占有率猛冲到80%。

直到茅台酒采用了市场化营销策略，才让大家重新认识到酱香型白酒的魅力，继而开始疯狂向这方面发展。

归根结底，有人把香型当成了炒作工具。

还是那句话。香型的背后是"产地概念"，每一种香型的中国白酒，都具有独一无二的魅力。

提到"长乐烧"，北方的酒民可能不知这是何物。其实，"长乐烧"是广东、香港、澳门及其他许多地方的酒民们心中的第一名，容不得半点反驳。

名字中带有一个"烧"字，说明它是一种烧酒。

关于烧酒，有一种说法是，它起源于唐代，因为在唐代文献中常出现"烧酒"字样，当时的烧酒，是一种经过蒸馏的无色透明酒，但度数较当今的中国白酒更低。在韩国等地区，"烧酒"的说法仍然流行，以至于我们经常能在韩剧中听到这样的话："下雪天，应该享受点炸鸡和烧酒。"

烧酒是非常古老的一个中国文化标签，不仅出现在史料文献中，还常出现在文学作品中，比如在《红楼梦》第三十八回中，贾府的老幼等女眷在大观园里吃蟹赏桂。不善酒量的林黛玉居然说："我吃了一点子螃蟹，觉得心口微微的疼，须得热热的吃口烧酒。"

可见，在曹雪芹创作《红楼梦》的年代，烧酒已是公认的驱寒解毒之物，且在大户人家非常普及。连身子虚弱的林黛玉都主动要喝，想必这烧酒口感柔和，容易入口。

实际上，"长乐烧"本就是一种绵柔的酒，北方酒民之所以不适应这种口感，除了制酒工艺特殊，还因为其原料独特。

我国南方地区是稻米主产地，而"长乐烧"正是选用稻米为原料，采用糖化发酵剂，口味别具一格。这就是典型的米香型白酒。

相比其他香型，米香型白酒的香味来自乳酸乙酯和乙酸乙酯，其可令酒体清柔，还有淡淡的蜜香。因此，它也被称为"蜜香型白酒"。

由于产地、原料、工艺、口感极具地方特性，米香型白酒始终没有畅销全国，乃至在 1989 年评出的 17 种国家名酒中，没有占据一席之地。然而，这并不意味着米香型白酒的品质逊色于其他酒。

归根结底，我国幅员辽阔、人口众多，南北自然环境和饮食差异很大，不同地区酒民的口味偏好不同，某一种香型是无法满足所有酒民的需求的，这注定了中国白酒会朝着多元化的方向发展。

对于白酒的香型，我们无须将它过度神话，更无须将它视为衡量白酒优劣的唯一标准。

无论何时，都要关注大商业的持续涌动和地方特色经济。小众香型的白酒要自立山头，最好能塑造出地区性的品牌。只有运用好独一无二的"产地概念"，企业才能做出有特色的商业活动。

如此包装

既然中国白酒注定会朝着多元化的方向发展，我们就需要改变对中国白酒的认知局限，比如，在17种国家名酒成为事实之后，新锐公司有没有可能获得更好的机会？

经历了20世纪90年代的外国酒的潮流侵袭后，中国白酒在进入21世纪后，终于迎来了一个发展小高峰，人称"黄金十年"。期间，茅台酒的单价持续上涨，股价更是上涨了许多，五粮液则持续壮大业务规模。

2008年前后，香型概念被再次引入市场营销，各大香型的代表企业纷纷将香型作为宣传噱头。比如，汾酒打出了"大清香"概念，以"清香祖庭"自居；茅台借助"国酒"品牌，强调了酱香型白酒的品质优势；五粮液、泸州老窖、古井贡酒各自在推广浓香型概念，反而让浓香型白酒的整体力量弱化。

就在一片混战中，一系列小众香型渐成气候，如芝麻香型代表景芝酒、馥郁香型代表酒鬼酒，开始有了品牌影响力。

到了 2013 年，中国白酒的触角又延伸一步，开始进入年轻人市场。

当时，北方某公司推出了一款"漂流瓶酒"，旨在瞄准年轻群体，对外声称要打造一个时尚的白酒品牌。

其实，这是受到另一个品牌的启发。

那一段时间，不少白酒从业者惊讶地发现，很多年轻人习惯在聚会时喝一款名为"江小白"的酒，甚至有一度，喝这种酒成了许多年轻人的一种时尚行为。

这种酒有何过人之处，可以直接命中年轻人市场？

其实，它最大的特点是简化了外包装图案，增强了外包装的文案设计。在一个个蓝白相间的小酒瓶上，印有非常醒目的文案，感慨生活、人生、情感、愿望等。这些文案不需要很深的哲理与内涵，只需能缓解情绪就行。只是，这种文案容易让涉世未深的年轻人产生共鸣，尤其是大号字体设计，或我们带来较强的视觉冲击力，容易触发感性消费。

一些初入社会的年轻人，往往会在理想与现实生活的差距中积攒出苦闷。于是，这样一个个小酒瓶，就成了他们宣泄情绪的一个出口。

当然，"江小白"在前期宣传中做了很多工作，包括在一系列热门影视剧中植入广告，借助明星的力量进行宣传，让购买自己的产品成为一种风尚。

这让很多传统白酒从业者深感不可思议，有好奇的人，就买了一瓶"江小白"尝个究竟。这酒一尝可不得了，让人不禁直呼"这是白酒吗"。

原来，"江小白"把自己定义为"青春小酒"。考虑到许多年轻人不适应高度白酒的辛辣口感，它采用小曲酿制，自称"小曲清香型白酒"。

这就值得说道说道了。

了解中国白酒的朋友都知道，酒曲是全世界独一无二的发酵物质，它对白酒的浓度和醇香程度起着决定性的作用。

酒曲主要分为大曲、小曲等。其中，大曲采用小麦制成，工艺最讲究，制酒效果最佳。大曲酒，往往代表传统工艺白酒。

至于小曲，普遍使用米糠或米粉制成，出酒率高，制酒成本低。小曲酒，往往代表简易工艺白酒。

小曲酿制酒的生产周期短，醇香物质含量低。喝惯了好酒的人，会觉得小曲酒的口味不像白酒，或者说，它好似过度勾兑的白酒。

然而，"江小白"的这一套操作，似乎成功打开了中国白酒从未触及的年轻人市场，于是，众多企业紧随其后，纷纷效仿。不久，一系列走青春时尚路线的白酒产品相继浮出水面，不乏汾酒、泸州老窖、剑南春、红星二锅头这样的知名品牌。

其实，"江小白"这种青春小酒的套路很简单。

第一，用醒目的文案拉近品牌与年轻人的距离。

这种做法并非"江小白"独创，可口可乐也在同时期使用了带有原创文案的外包装，包括"歌词瓶""昵称瓶"等，通过如此包装，让自己当年的销量增长 20%，还成为年轻人谈论的热门话题。

第二，改变口感，降低白酒中的辛辣物质，易于被年轻人接受。

在"江小白"之前，很少有注意到年轻人市场的白酒品牌，大家普遍认为年轻人更喜欢可乐和果汁；更容易接受外国酒、啤酒和红酒；排斥传统白酒的刺激味道。于是，"江小白"采用了简单粗暴的做法：把产品口味变淡，减少传统白酒中不被青年人接受的元素。

借此方法，它试图颠覆中国白酒行业，一举占领年轻人的高地。

然而，此方法中隐藏着一个风险。

如果一种白酒聚焦年轻人群体，确切地说，是不懂中国白酒的一些年轻人，让他们仅仅根据外包装文案触发的情绪购买产品，而不注重产品本身的质量是不可取的。

当品牌与消费者之间的联系不是以产品为纽带时，二者之间很难发展成长关系。试想一下，消费者会为了包装文案持续复购吗？

更严重的问题是，包装营销带来知名度后，难免有很多懂酒的人去尝试。这一尝就露了馅儿，一传十，十传百，这酒品质到底怎么样，越来越多的年轻人也就心知肚明了。

事实上，当白酒公司纷纷使用这种方法时，市面上就会充斥大量的过度重视文案包装的品牌，这本身容易引起人们的审美疲劳。渐渐地，这种酒在年轻人中的受欢迎程度会降低，销量会降低。

于是，有人说："试图让年轻人接受新的饮酒方式，甚至是新的品质标准和口味习惯，这是件吃力不讨好的事儿。"

年轻人真的与传统中国白酒格格不入吗？未必……

年轻是什么？

回想你我年轻时，会被"鸡汤文案"这种"雕虫小技"诱惑上钩吗？

2020 年年底，我看到了一个调查数据，又惊又喜。

原来，在中国白酒市场上，约 10% 的"90 后"每天都喝酒。《2020 年轻人群酒水消费洞察报告》显示，"90 后""95 后"是白酒市场中新鲜的增长动力，"90 后"人均消费水平已经不低，而"90 后"酒类消费的第一名就是白酒，年轻人，已然成为白酒消费的主力。

"中国白酒看贵州，贵州白酒看茅台"，这句白酒行话对于年轻人来说已不再陌生。他们可能还知道，酱香型白酒为什么好。

这真不是错觉！广大"90 后"和"95 后"，确实在接近中国白酒。

一位"90 后"对我说："之所以喜欢白酒，是因为自己老了！"

这是多明显的自嘲啊！面对我这样一位"70后"，"90后"还敢说自己老？然而细想，会说自己老的人，可能是在渴望一种成熟。

今天，我们讨论"90后"喝白酒，难道不是和十年前讨论"80后"喝白酒一样吗？

我们都知道，中国白酒的消费主力是中年男人，而广大"80后"，已然进入中年，他们还处在生命力比较旺盛的年纪，对于白酒应该是喜爱的！

那"90后"呢？

"独生子女""自私自利""垮掉的一代"这些曾为"80后"贴上的标签，也贴在了"90后"身上。然而，出生于1990年的第一批"90后"，已迈进30岁。俗话说"三十而立"，他们在某些方面已经在发挥顶梁柱的作用。

2020年，席卷全球的新型冠状病毒肺炎疫情让很多人陷入困顿，却给了很多"90后"证明自己的机会。在国家有难之时，"90后"勇敢地站了出来。医生、护士、警察、志愿者……冲在一线的基本都是"90后"。

至此，这个群体开始甩掉各种负面标签。

其实，很多人对某一代人的评价，大多受前一代人的主观感受的影响。前一代人在审视后一代人的时候，难免直接用自己的经历和体验与其作比较。如果感觉差异较大，就会产生"难以理解"的主观论断，进而演变为对其的负面评价。

仔细想想，的确如此。当"90后"走出校园后，首要目标是尽可能快速地融入社会，与中年人群体求同存异。他们会努力在心态上变成熟，不再用学生时代的心理思考问题，学习前辈的沟通方式、处世技巧和消费理念。他们在潜移默化中学习，新认知的建立会让年轻人树立一种新的社会交往模式，从而最终影响个人的品位和消费习惯，逐步认识一些历久弥新的经典品牌。

而且，随着"90后"们开始独立生活，渐渐有了生活经验，知道什么对健康有益，什么对健康有害。

有人进行过统计，60%以上的"90后"认为自己有不健康的习惯，他们清楚地意识到"懒""宅""贪吃"和"熬夜"对自己的健康危害较大。

要知道，当年"80后"在大饮可乐，大吃汉堡的时候，大概不会想到他们如今会花几个小时来煲汤。如今，一些"90后"们喜欢养生坚果和饮用优质的中国白酒，养生和享受口福都不耽误。

因此，优质的中国白酒成了一些"90后"喜爱的饮料之一。

在我个人看来，优质的中国白酒有丰富的营养物质，易于人体吸收，少量饮用白酒可加速身体的新陈代谢，加速体内脂肪燃烧，减少脂肪堆积。

我也认为，优质的中国白酒能够驱寒暖身，加快血液循环，升高体温，天冷的时候能有效驱除寒气，让我们感到暖和，有利于筋骨舒展。

酒变

这里所说的"优质的中国白酒",也就是我们此前所说的"真正的中国白酒",是标准的"固态法白酒",由粮食酿制。适量饮用,可以减少甘油三酯和胆固醇在血管壁上沉积,降低血液中的含糖量,提升高密度脂蛋白,降低低密度脂蛋白,防治动脉硬化。

尤其重要的是,适量饮用优质的中国白酒,可以舒缓紧张的心情,使身心放松。自古多少英雄豪杰,苦了累了就会喝杯白酒,忧愁可消大半,转眼又是精神抖擞。

如今,"90后"们早已身处社会竞争一线,精神时常高度紧张,而中国白酒的情绪缓解作用,可以帮助他们消解不安,调整自己的情绪。

可见,"90后"已然明白中国白酒的价值。

也可以说,中国白酒市场将会一直延续,不存在"只有中老年人才喝"的说法。

换个角度想想,每位年轻人终有一天会成为中年人。虽然每个时代的中年人都有自己的特点,但他们会继承上一代的社会主流文化。这就构成了社会文明的延续。

清末至今,中国白酒一直都是人们在饭桌上进行沟通的一种媒介,不会被轻易改变,白酒公司的任务,并不是追求口味变化,或是极力去迎合年轻人,而是要保持工艺优良,遵循传统,精进品质,并牢牢把握住社会主流。除此之外,其他的都是次要的。

这进一步说明,中国白酒行业与年轻人并无隔阂,非常适合年轻人从业。

事实上，由于一些人对其存在误解，中国白酒行业没有引起年轻人的注意，非常缺乏年轻血液。此时进军中国白酒行业的年轻人，很容易获得先发优势。

这种先发优势，至少可以为年轻人的事业发展，带来十年的红利期。

此前我说，中国白酒强调"拿来主义"，注重"产地概念"，主张"不创新"，适合中年人精耕细作，但这并不意味着中国白酒可以因循守旧、墨守成规。实际上，中国白酒面临着很多问题，特别是有一些延续下来的行业弊病，急需引入新鲜血液，需要年轻人来扫清"灰尘"。

有三类人才，在中国白酒行业最为紧俏，分别为内容类、运营类、产品类。

此时，选择补位的年轻人，势必将在中国白酒行业中迅速闪光。

讲故事的人

中国白酒行业所需要的第一类人才，是内容类人才。

优秀的内容生产者，可以把中国白酒的故事讲给更多的人听。

从语音到文字，从图片到视频……所有内容方面的工作，本质上都是在为市场营销做铺垫；所有的营销工作，本质上都是基于优质内容的传播。

酒变

一个酒瓶上的几句文案之所以能迅速盛行，并带火了一个"小曲清香型"白酒，这只能说明两个问题。

一是，中国白酒行业整体缺乏走心的内容宣传，以至于露一小手的文案，就能掀起大波澜。

二是，中国白酒行业没有让更多人了解自己，甚至，连很多从业者都不了解白酒的精髓。

长期以来，中国白酒罕见接地气的文案包装。最初的白酒，总是给人端坐于"神坛"之感，动辄就摆出"千年""天下""无量""无疆"等字词，与生活相距甚远。这种高高在上的形象，很容易和"贵重"捆绑在一起，从而与普通消费者拉开了距离。

后来，它们在"神坛"上感受到了寂寞，开始缓缓走下。为了获取新基因，它们在原品牌名称和营销文案中都增加了"新的字词"，比如"家""缘""大爱""智慧""留传"等。只不过，这种"新的字词"虽在一定程度上拉进了与消费者的距离，却总透着一股子说教之意。

久而久之，大家逐渐忽略了这些老气横秋的内容。这时，接地气的文案突然出现，反而让人耳目一新，引发了很多人的关注。

可见，中国白酒行业极度缺乏能创作好内容的人才。这与学历和证书无关，而与作品有关。一位优秀的内容类人才，不见得有多么丰富的从业经验，也不见得有很高的专业文凭，却能创作出真实阅读量超过 10 万次的作品。这正是中国白酒行业最缺乏的人才。

运营类人才

除了内容类人才，中国白酒行业还需要运营类人才。

自我国改革开放以来，中国白酒行业在用一种最原始的方式抢占市场，尤其是 17 种国家名酒确立后，主流香型占据市场，小众香型各立山头，而大家几乎都没有多少市场营销活动。

于是，中国白酒企业在很长时间内把注意力放在渠道建设上，并以渠道作为自己的护城河，逐步形成了"酒厂酿制、经销商分发、商超专卖店零售"的链条。

这条看似稳定的链条为企业积累了动辄百万、千万、甚至上亿级的用户群体，却阻断了品牌与用户之间的联系。长此以往，和用户接触最多的人，最了解用户的人，不是企业，而是经销商。用户最需要什么，企业往往得不到原始反馈信息。

因此，从 21 世纪初开始，白酒企业纷纷调整策略，让自己在整个渠道链条上处于主导地位，在加强对经销商的控制的同时，尝试自营渠道，目的是直供终端用户群体，从而"直控"终端用户群体。

如此，中国白酒企业在浩瀚的市场中，慢慢地将用户群体转移到自己"摸得到"的范围内。

这本是一件好事，但难题随之而来：如何与用户保持沟通？如何把品牌理念和产品信息传递给用户？

这个难题在 2010 年前后有了答案。

那时，互联网对中国白酒行业影响加深，带来诸多变化。第一，它为中国白酒行业增加了线上渠道，促进了中国白酒的年轻用户群体的扩张；第二，它带来了一个新工种——运营。

"运营"是典型的互联网产物，源自互联网行业的精细化运作。

由于互联网思维的核心是"用户能获得更愉悦的体验"，进而帮助产品实现商业价值。显然，依靠点对点的用户沟通根本不现实，只有将用户们组织以来，有针对性地开展活动，增加用户积极性和参与度，才可能增强用户黏性和品牌忠诚度。于是，"用户能获得更愉悦的体验"这一重任，就落在了运营的肩上。

在工作中，运营人才还经常配合市场营销来进行活动策划。

随着互联网行业的竞争加剧，人们更重视对用户的争夺，因而企业对优秀运营人员的需求很强烈。有消息说，在知名互联网企业"腾讯"2021年年初的招聘计划中，运营岗位缺口多达2000个，仅次于技术岗！

可见，运营工作对于企业的品牌建设和市场开拓有很强的促进作用。

当各行各业开始重视"用户体验"，运营工作的重要性就不言而喻了。

相比互联网行业，中国白酒产品线不复杂，主打经典产品，且单一产品延续时间久，运营工作复杂程度小。

这是否意味着，在中国白酒行业做运营会非常轻松简单呢？

并不是！在中国白酒行业做运营，需要对新兴的运营渠道保持敏感。比如，在 2018 年后兴起了短视频，并迅速在全球普及，观者过亿、老少皆宜。一个优质的短视频内容，在成熟平台上可实现上千万人次的传播。抢先入局的企业，通过不断制造话题，打造出了自己的"宣传阵地"，进而在后期顺利为产品"导流"。到了这几年，如果一个短视频能拥有上千万人次的传播，无异于降低了广告成本。

显然，中国白酒行业缺乏敏感度高的运营人才，至少在 2021 年以前是如此。因为，在短视频平台上，关于中国白酒的好作品非常罕见，以至于几百亿市值的大企业，多依靠传统媒介投放广告来进行传播。

有了敏感度，运营人才还要有能力通过"活动"来调动用户。在这一点，中国白酒行业要借鉴一下电子竞技游戏行业的策略。有很多头部游戏企业拥有上亿用户，且流失率很低。这只是因为他们的游戏很好玩吗？

实际上，这些头部游戏企业会频繁举办赛事，每个月，甚至每天都在开展相应的赛事，从线下的场馆赛，到线上的网络直播，企业将这些活动信息在游戏页面中展示出来。通过这些赛事，运营人员围绕游戏制造了大量的话题、活动、事件等。这些策略让用户获得了自己感兴趣的内容。

但从目前的情况来看，中国白酒企业多联合地方举办风俗活动，或冠名赞助其他相关的活动，他们虽然遵循着"产地概念"，强调历史文脉，却和用户存在距离，鲜有中国白酒企业能够自主举办范围广、周期长、频次高的活动，从而调动用户。

所以，基于中国白酒用户的运营人才非常紧缺。这可是一个难得的机遇。如果谁能组织上万人同时参与一个白酒活动，乃至把活动办成盛事，他一定能在中国白酒行业绽放光芒。

最高等级的美

除了内容类人才和运营类人才，中国白酒行业还需要产品类人才。

说到产品类人才，我曾在某视频平台上看到一个测评节目——让外国人品尝中国白酒。没料到，在品酒之前，大家纷纷吐槽外包装不好看。

当然，这其中存在中西方审美差异问题，但实话实说，大家的吐槽绝不是空穴来风。从 20 世纪 70 年代起，中国白酒大多采用圆筒形玻璃瓶或白瓷瓶，然后用硕大的品牌名称或图案包裹瓶身，有人认为它看着像一瓶名酒，也有人认为它看着像一瓶化学制剂。

20 世纪 80 年代后，有企业为了显示自己的特色和卖点，"别具一格"地推出了新包装，不乏丑出天际的"作品"，包括我曾见过的导弹造型、乌龟造型和人脸造型的瓶子，外表极其怪异夸张，色彩浓艳，怎一个"丑"字了得？

此后，有一些新锐企业采用西方的包装方法，借鉴了外国酒的酒瓶造型，但模仿痕迹很重，给人以浓郁的山寨感。

不得不说，包装很重要！要知道，法国灰雁凭借出色的经典包装，硬是把口感不出众的伏特加，提升了好几个档次。而且，主要的外国酒都形成了自己的包装风格，比如威士忌主打方形瓶，彰显内敛；白兰地则以圆形为主，凸显高雅。

为什么中国白酒鲜有让人觉得美的外包装呢？

设计！我们缺少美的设计！

其实，不仅是在中国白酒行业，在我们周遭可见的诸多行业中，设计环节都是弱项，大到航空公司的飞机涂装，中到商店门市的招牌设计，小到日用品包装，总无法给人视觉享受。

然而，一些所谓的设计师的作品表现出了近乎原始的本能，没有任何规划与思考可言，单纯用夸张的构造和单一的色调，只为引人注目，得到关注，至于它能否带给观者以舒适感，设计师似乎并不在意。

有一位中国白酒行业的前辈曾对我说，该怎么评判白酒的外包装呢？一要看字是不是够大；二要看颜色是不是醒目。做到了，就够了！

听他一席话，我顿感惭愧。

惭愧的是，我们中国白酒行业的前辈，竟然如此不懂美学，处处显露着一颗赤裸裸的利益心。在他们眼中，产品包装的意义就是夺目！难怪我们的酒品外包装难上档次。如果都按这种套路来，那么即便我们的产品很有内涵，创意不断，它所呈现的效果也只能是花里胡哨，给人极其低端的感觉。

我们怎么就缺少了美感呢？按理说，在我们生活中美丽的山水和古迹很常见；这里拥有多年的文明积累，文化传承，这让我们有了强大的精神内核，但是，不少做酒、卖酒的人却没有发扬古人沉淀下来的高级美学技艺。

这是一套很高级的审美逻辑。研究过美术理论、历史、考古的朋友都知道，我国原始的审美可见于古代的青铜器上。仔细欣赏博物馆里的那些青铜器纹饰，你就会发现，它们多遍布神秘、难懂的抽象动植物形象，罕见富态的造型和喜庆的图案。

因为，在夏、商、周的青铜器时代，物资极度匮乏，先民们普遍崇拜自然和力量。这种审美一直持续到汉朝。从考古文物中可见，汉朝的神兽造像十分高大，充斥着大块肌肉，散发着雄性荷尔蒙；而出现在画像石里的人物，多纤细苗条。

南北朝时期，人们看到的佛像表情较凶，但从唐宋开始，佛像的表情逐步由狰狞转变为慈祥。一方面，佛学吸收了中华文化元素，特别是儒学和道家文化中的一些元素，变得温和近人；另一方面，唐宋时期的社会生产力明显提升，人们文化程度高。

特别是宋朝，人们在审美方面登峰造极。宋朝生产力发达，人们生活安逸，引领社会文明的文人阶层崇尚雅致文化。这被后世评价为"宋风雅韵，诗意书香"。当精致化的生活自上而下延伸，人们更乐于诗酒相得、谈文论画、宴饮品茗。我们审视宋朝留下来的字画和瓷器，透着自然含蓄、淡泊质朴、雅俗共赏的气质。

到了元明清时期，人们的审美出现变化。

在元朝，绘画中多了空灵元素，而一系列青花瓷器，凭朴素大气的风格征服了许多地方的市场，这就是大名鼎鼎的青花瓷。不过，这种潮流在明朝时期，来了一个大转折。从明朝开始，人们的审美观念、趣味转向世俗和物质。

到了清朝，世俗审美达到了一个顶峰。无论字画还是瓷器，都是在一片花花绿绿中，运用大量互相碰撞且浓烈的色彩。

由于世俗审美门槛低，极易传播，它在广大农村地区深深扎根，并影响至今。当代人常吐槽的"土味文化"，大抵源于此。

通过这套很高级的审美逻辑，我们有可能迈向更高层次的审美世界，尤其是对于设计行业而言，需要用真正美的力量影响商业方式，温暖社会。因此，我们当代的审美，包括中国白酒行业的审美，绝对不能由"土味至上"的"前辈"决定。

实际上，这套高级的审美逻辑，核心在于"节制"。

通俗来讲，无论是南北朝时期面相凶恶的佛像，还是清朝花花绿绿的瓷器书画，都在用一种最原始粗暴的方式引人注目，仅此而已。相比之下，神秘抽象的青铜器、注重意境留白的宋画、大气典雅的元青花，它们都是在一种节制的行为中，诠释简约哲学。

放眼世界，在现代商业设计中，经典案例多来自德国、日本和美国。尽管这三个地方相隔甚远，历史文脉迥异，但其经典案例都有一个共同特点：理性节制，追求极简。

其中，风光了近30年的美国苹果公司，在产品设计上追求黑白风格，并巧妙地运用材料构造出整体感。为苹果产品奠定设计风格基础的人，正是苹果公司创始人史蒂夫·乔布斯。在苹果产品如日中天的时期，他本人信奉佛学禅宗的故事广为流传。

史蒂夫·乔布斯的设计理念与他的禅宗修为有关，而禅宗在设计中的体现，恰恰是"节制"的审美逻辑。

无独有偶，我们的邻国日本，在许多方面深受我国古代文化的影响，他们非常巧妙地选择了一些唐宋文化并继承了下来，这就让日本的现代审美显得高级。在商业设计中，日本设计师把"朴素"和"神秘"发挥到极致，使之有了精神底色。

一位日本建筑师曾说："传统是起点，而不是终点。"这话很有道理，既然高级的审美逻辑由历朝历代积淀而成，那就是历久弥新的经典，理应在当今的各行各业发挥出巨大价值。

遗憾的是，尽管中国白酒行业有着数千年的文化和技艺可以传承，却没有形成对美的整体评价体系，鲜有人能做出简约、朴素、大气的产品。对于中国白酒行业而言，人们必须要拥有被认可且能规模化推广的高级审美。

我曾说，在钟爱中国白酒的酒民中，有众多的艺术高人，对于他们而言，酒与艺术都是其追求自由与释放灵魂的媒介。当艺术高人灵感袭来，准备研墨行笔时，面对的却是一瓶土味十足的白酒，岂不是太煞风景？

该怎么改变这种局面呢？要不，直接把酒瓶包装换成酒坛，或者古式瓷瓶，这不就解决问题了吗？

如此包装，放在 30 年前并无不妥，但在今天百花齐放、竞争激烈的局面中，这样纯粹的复古行为，势必削减了品牌特色，尤其是对于新锐企业而言，其本身的历史积淀就少，更需要运用包装来扩大市场。况且，很多简单的复古式造型，早就被人申请设计专利了。

有不少新锐企业意识到，产品设计和整体包装，应该让更多年轻的人才参与，以提升自己产品的调性。

有人想当然地认为，年轻人生长于数字化的背景下，在生活方式上与前辈大不相同，他们看似与传统文化存在脱节。但别忘了，在北京故宫博物院里修文物的是一个团队，其中年轻人已经占据一席之地，而且，愈演愈烈的汉服热潮，也由年轻人所倡导。

在各行各业，钟爱传统文化的年轻人很多，特别是那些善于把握审美逻辑的年轻人才，他们正在打通古今，呈现出一种"新中式美学"。中国白酒行业未来 20 年发展的中坚力量，可能就是他们中的一些人。

与内容类和运营类人才相比，产品类人才所需的专业功底更深。他们必须潜心研究，透彻理解中国白酒的文化渊源和生产工艺。很有可能的是，中国白酒行业的下一款爆品，将诞生在年轻人手中。

酒变

"基本的老练"

老话说得很好，"生于忧患，死于安乐。"

越来越多的年轻人都承认，在一个企业从就业干到退休，或依靠一项生意富贵一生，比登天还难。无论在职场上，还是在商场上，大部分年轻人都练就了汲取一切养分的能力。

对于很多年轻人而言，中国白酒行业让他们顺利完成了事业的初始积累……

记得五年前，我在一次工作培训中，接触了好几位"90后"，不免深感担心，因为他们相对于复杂的社会显得太过单纯。

如果我是他们的父母，除了担心之外，还有心疼，因为他们缺乏"基本的老练"。

有一天，我们需要为正在品酒的客户准备海鲜餐，我就让孩子们去农贸市场购买，因为那里便宜又新鲜。过了一会儿，几个孩子回来了，说海鲜档口收摊了，不知道该怎么办了……

于是，我建议他们去海鲜批发市场。看他们拔腿就走，我就多问了一句："批发市场离这里有多远？"一位年轻人查询后发现，来回竟要两个小时。我当机立断，快找最近的大超市，就去那里买。

"可是，可是您不是一直强调要考虑成本吗？大超市卖得贵啊。"一位年轻人显得很委屈。

话虽如此，但哪位客户会为一顿海鲜餐等待两个小时？救场之时，就别再考虑成本了，这可是最基本的变通思路。

忙碌一阵后，我带着他们和客户一同用餐。结果，几位年轻人当着客户的面，要么闷头吃，要么不好意思动筷子，要么不说话，要么就直接说起公司的内部事务……真是难为我自己，要时刻高度警惕，担心他们说错话。

显然，这几个年轻人不懂得社交。在餐桌上，面对初见的客户应该聊什么？什么牛可以吹？如何营造氛围？什么时候要小事大说？什么时候要大事小说？

不过，五年之后，我对"90后"的印象有了改变。

当年的几位"90后"中，有三人留了下来。相比从前，他们的行为举止明显变得得体，他们独自招待客户，也让人放心。

可以想象，这五年时间，他们经历了很多事，拥有了"基本的老练"。

没错！年轻人就是要具备"基本的老练"，经历得多，见识得多，做事干练有把握。在此基础上，再练就敏捷的头脑和完善的逻辑思维，就获得了职业发展的通用技能。

应该为他们感到庆幸，身处中国白酒行业，他们接触到了最全面的社会动态，时常与高人共舞，从而迅速成长。当然，这也得益于他们在中国白酒行业坚持了下来。如果抱着"赚快钱"的想法"打一枪换一个地方"，他们很难积累经验并变得沉稳老练。

纵观中国白酒行业，各企业不管大小，不论新旧，想要赢得市场，必须坚持做"真正的中国白酒"，必须回归传统、培育工匠，打造一个完整的白酒品牌体系，包括香型、瓶型、历史、品牌故事、荣誉，还有"以酒民为中心"的理念等。

如果你能策划出一个行业经典案例，或开辟出一个新营销路径，哪怕你初出茅庐，也会有企业愿意对你委以重任。中国白酒行业体量大，你不用担心大家都不认同自己。

再看职业的内部晋升，无论创业公司还是上市公司，最终都以结果为导向，你的工作成绩超出企业预期，你的事业一定会往上走。即使某一家企业因为种种原因不给你晋升机会，这个行业里的其他企业也会给你足够的机会与合理的报酬。

可以说，在中国白酒行业的转型中，各品牌、各企业都在寻找"湿件"，从而为年轻人提供了大量的实践机会。这让我想起了史蒂夫·乔布斯的一句话："当人在 20 多岁就找到了终生热爱的事业，这是难以置信的幸运。"

正如我长期所坚信的一样：决定一个人结局的因素，并非是起点，而是拐点。把眼光放长远，在一个"乐观"的行业中，选择一个靠谱的公司，成为它的"长期合作人"。

这不正是一种"价值投资"行为吗？

第13章

我的后半生

真正的"价值"

电影《加勒比海盗》不仅把朗姆酒推向了全世界，还把加勒比海盗文化渲染得无比丰富多彩。

当富有美感的木质帆船，在惊涛骇浪中剧烈摇晃时，海盗们的激情搏杀却常出现戏剧性的一幕。

危急时刻，海盗们为了避险，都朝着船的左舷方向跑，导致船向左严重倾斜，差点翻船。

他们都认为别人所奔向的地方最安全。在不假思索时，他们表现出了单纯的"从众心理"。

"从众心理"，由来已久。作为具有社会属性的生物，人类处于各种社会规范中，时刻感受着来自群体的压力。出于本能，人惧怕被孤立，久而久之，便形成了从众心理。

当社会竞争激烈，生活节奏加快时，人们总是希望有捷径可走，最好能免去思考和决策的过程。毕竟，思考是一项孤独、耗时又费力的事情。当人们不能明辨方向时，从众心理看似能解决很多问题。

人的本能有很多，除了避险，还有趋利。说到趋利，人们的从众心理，被表现得淋漓尽致。

当互联网行业处于高速扩张时期时，很多人要求子女报考计算机专业，只求毕业后寻得一份高收入工作。当股市大涨时，人们便情绪高涨，蜂拥在券商营业厅开户，争先恐后当股民，只为买上几只热股。

讽刺的是，从众心理不仅没有化解风险，反而把人引入绝境，争斗中的海盗们如此，恶作剧中的路人们亦如此。

记得年幼时，每当出门玩耍，长辈总要嘱咐一句："别去人多的地方凑热闹。"

看来，经验丰富的长辈早已明白，在不确定的时间和地点，尽量不要盲目从众，因为走在最前面的人，并不一定有正确的判断。当危险降临时，让自己身处一个相对空旷的环境，反而有利于看清形势。

从众心理，有时只会"好奇害死猫"。

同样，在趋利方面，从众导致的结果常常是事与愿违。没有什么人能通过盲目从众和跟风投资来获取足够多的财富。相反，我们听过太多这样的故事："追涨杀跌""高位加仓""低位割肉"……

不只是股民，很多投资者、分析师、基金经理，乃至金融工程专家，都善于一窝蜂似的从众操作，却忽略了项目的真实价值和未来空间。当年，不少业内人士都预测互联网行业会高速发展，坚定地看好互联网行业的发展，然后，闭上眼睛跟风投资。结果呢？还没等到互联网行业的发展高潮，就直接把泡沫吹破了。

这时，很多人又想起了"美国股神"巴菲特的"价值投资"理论，并开始大肆宣扬，声称要选准潜在好项目，要与之一同成长，一同受益。不过，几年之后，真正凭"价值投资"获得财富的人屈指可数。

作为巴菲特的经典原理，"价值投资"本无错，而大多数人却一边喊着追求"价值投资"，一边跟风投资。至于真正的"价值"，则在他们眼皮子底下悄悄溜走了……

抢来的危机

2019 年岁末的一个晚上，我和转行从事投资行业的朋友老贾小酌了一番。

不到二两白酒下肚，这位朋友就开启了长达一个小时的抱怨，主题一直围绕着来势汹汹的"资本寒冬"。

他在十年前，曾和其他资深投资者一样，有着相对固化的工作流程和工作节奏：按既定套路找项目、做调研，再凭功夫进行一番合理性分析，找到"价值"。如此，相对优质的项目基本都有机会获得融资，投资者们也能通过投资项目获得收益。

不过，自 2017 年之后，整个投资领域似乎到了一个周期的末期，从市场表现急转直下，到投资企业大洗牌，再到监管环境趋严，做投资就不像以前那么容易了。让他无比煎熬的是，好项目越来越少，资本方的要求却越来越苛刻。

一方面，经历了 2005 年后的互联网创业大潮，契合消费者刚需的市场空白所剩无几。很多人想当然地认为，互联网项目存在门槛，包括技术研发、内容生产和平台搭建在内的各项工作，总会留有让人发挥的空间。然而，现实中，这个空间忽大忽小，人们所面对的市场极不稳定，不少项目的背后只是一个臆想出来的"伪刚需"。

在 2013 年前后，互联网创业的泡沫破裂，到了 2015 年和 2016 年，倒闭清退的互联网创业项目超过了 3000 个。

粗略统计，互联网创业项目的投资成功率仅有约 1‰，而约 999‰的项目，投资之后基本会血本无归。

要找到 1‰的互联网项目，并用合理价格投资，真是难于上青天。

另一方面，项目失败引起的"创始人跑路"和"资金链断裂"，着实让资本方赔了个底儿朝天。于是，资本方对投资企业提出了更多要求，包括对行业和项目加以限制，很多资本方只关注互联网行业头部项目，或者纯粹的高科技项目，试图拥抱一棵高科技大树。

在这种苛刻的要求下，老贾从原来的找项目，变成了抢项目。

抢项目？这让我很好奇，他们这些西装革履的高端人士该如何去抢？

说到这里，老贾饮下一口酒，满脸尽显无奈。

在"抢项目"的投资节奏中，投资者失去了很多原有的权利。由于投资企业扎堆互联网行业头部项目，使其不缺融资机会，于是，那些头部项目根本不给投资者充足的调查、走访和研究时间。一句话："想投就抓紧时间。"

"最近，我们瞄准了一个项目，对方报的价格非常高，就算这样，最后还是被别人抢了。"老贾叹了口气说道。

"那你们现在找项目就没有衡量标准吗？就是跟着别人抢？"对此我很诧异。

"要说衡量标准，最主要的就是熟人背书。你想，项目创始人越牛，在投资圈的人脉就越硬。当圈里的大佬们都在推荐这个项目时，大家就不用犹豫，只管抱团争抢就行了。"

听他这么一讲，我只觉得心头一紧。要知道，投资行业可是汇集了大量的顶尖人才，更不乏名校出来的人才。当他们盲目从众，追捧所谓的头部企业时，难道不是在集中酝酿风险吗？这就是他们的"学以致用"？

在我看来，"资本寒冬"并非十年一遇，更非百年一遇，它只是一个不定期出现的结构调整现象。我们需要克制与理性的思考，把自己从中抽离出来，从一个旁观者的角度，审视自己所做的事情是否正确。

"别去人多的地方凑热闹。"我又想起了长辈的嘱咐。

很多人，即便是精英，一旦深入到群众中，就会丧失自己的判断能力，直接按照他人的判断行事。好不容易获得了所谓的行业认同，才发现自己竟到了中年。

殊不知，所有事情，只有在结果浮出水面时，每个人的对错才有定论。你成功了，你就是正确的；你失败了，你就是错误的。这与你是否从众无关，只与你的选择有关。

正因为巴菲特的投资成功了，他的"价值投资"才得以在全世界流行，被奉为经典。

很多人总喜欢深度解读"价值投资"，可实际上，"价值投资"并不深奥，只是一个相对科学的投资策略。

结合经典原理即可发现，符合"价值投资"的投资项目，不外乎拥有以下三个特征：市场前景大、生命周期长、裂变机会多。

其中，首要的当数市场前景大。

市场前景大。这应该是整个投资行业中出现频率最高的一句话，每位创始人、每位投资者、每家中介企业，都会如此强调自己的项目，以至于很多人早已麻木了。那么，到底什么才是真正的"市场前景广"？你想过吗？

肥大的理由

"白酒的酒盅，为什么比啤酒杯和红酒杯小了这么多？"
我的问题，打断了老贾关于"资本寒冬"的抱怨。

"因为白酒度数高，一口喝不下太多，所以要用小酒盅啊。"

老贾是这样回答我的。

这个答案不错，但不全面。饮用中国白酒之所以采用小酒盅，是因为酒体香气浓郁。对于真正的中国白酒，使用小酒盅可以减少酒体与空气接触，从而聚香。

其次，用小酒盅可以更清晰地观察酒体的清澈程度，直观地判断酒质的好坏。

小器物，更容易诠释一种含蓄内敛、温文尔雅的内涵，借此，中国白酒传递给酒民们一个信号：酒虽好喝，但不可贪多。

心理学中有个说法："越强大的人，越懂得克制。"同理，强大的产品都有克制的市场表现。除了长远的产品战略，还有产品内外的艺术追求，更有从消费者健康角度出发的设计与考量。

中国白酒之所以敢对消费者进行克制性引导，是因为其市场前景足够广阔。换句话说，中国白酒的市场前景，可以用"肥大"来形容。

对于我的说法，老贾难以理解，因为，白酒从未被纳入过他的投资版图。

"在你们所说的'资本寒冬'里，欧美地区的投资者是怎么做的？你知道吗？"

面对我的又一个问题，他不假思索地表示，欧美投资者应该更加保守，只投一些含金量高的新兴行业吧。

听了他的回答，我建议他查阅欧美国家证监会的历史资料，那里面清晰地记录了包括欧洲亚太成长基金和美洲基金投资中国白酒的情况。实际上，我们一直津津乐道的外资，早就在2018年布局投资了茅台等酱香型白酒。

在欧美投资者眼中，中国白酒是富含文化特质的必备快消品。想要准确地衡量其市场前景，重点应关注国家的相关政策。

从国家层面看，相关部门对中国白酒行业的发展进行了长远的规划。

自2008年北京奥运会之后，我国接连举办了多场国际峰会和国际活动，如2014年在北京举办的亚太经合组织峰会、2016年二十国集团领导人杭州峰会、2017年在北京举办的第一届"一带一路"国际合作高峰论坛、2017年在厦门举办的金砖国家领导人第九次会晤、2018年在青岛举办的上合组织峰会、2019年在北京举办的第二届"一带一路"国际合作高峰论坛等。

2008年北京奥运会以后，我国经济进入了又一个快速发展阶段，"一带一路"这种合作倡议的提出，促进了我国与相关国家的交往。在讲述"中国故事"的同时，我们正努力促进经济贸易的发展。

对于这些备受关注的活动，作为主办方的我们，总是不遗余力地展示我国的传统文化和特色产品。

如果你关注活动的细节就会发现，每次宴会的选酒必少不了中国白酒，尤其绵柔回甘的酱香型白酒很常见。

与频频成为热点的中国高铁一样，中国白酒也偶尔成为热点

酒变

话题，许多名品走向海外。

这意味着，在今后，中国白酒拥有巨大的市场发展空间。

想想看，近一百年来，可口可乐为什么能在全世界经久不衰。要知道，可口可乐并没有什么高难度的工艺，面对的竞争很激烈。

原来，百年前诞生于美国的可口可乐，赶上了第二次世界大战后美国国力膨胀的好时代。依靠强大的国家作为后盾，借由强大的传播能力，可口可乐才慢慢赢得了世界市场。可以说，可口可乐作为一种有代表性的饮料，其发展离不开美国经济发展的背景。

与可口可乐一样，早在一百年前，中国白酒曾试图借助国家力量走向世界……

在1915年的"巴拿马万国博览会"上，包括茅台酒在内的诸多中国白酒，代表中国特产登台亮相。为此，北京袁世凯政府还成立了农商部，对其进行全程支持。

最初，参展的中国白酒并不引人注目，直到工作人员失手打碎酒坛，才意外让人关注，并且凭借自身的酒香，获得了很多荣誉，但是，它们却未在海外市场落地生根。究其原因，当时我们国家积贫积弱，难以为中国白酒在海外发展提供稳定的环境和强力的支持。

100年后，沧桑巨变！我们的国力正处于上升时期，没有任何国家敢看不起我们了，这是复兴的好时代。中国白酒在国际峰会和国际活动上频频亮相，不仅有助于其打开国际市场，还助力其在国内市场稳固发展。

国家层面的持续支持，让有心人着手行动。敏感的白酒企业已经及时跟进，在国家政策的基础上，进行品牌宣传的渠道搭建。于是，在一些品酒和相关的业务活动中，我们经常可以见到外国人士的面孔。这些外国友人，在近距离体验中国白酒的味道后，逐步深入接触中国白酒的业务一线。

同样，理性的投资者对周遭的一切保持敏感，在大方向上顺势而为，谨慎布局，因为那里的市场前景最好。

数据中的真相

"白酒市场的前景确实毋庸置疑，不过，资本方总会介意一个问题……"

重新看到中国白酒的市场前景后，老贾仍存疑虑。他认为，中国白酒市场的前景并非绝对乐观，最起码，自2013年之后，整个中国白酒的产量和销量都有所下滑，特别是从2017年至2019年的三年间，中国白酒的产量连续下滑，整体产量萎缩了近40%。

有数据表明，中国白酒市场长期经历着波动，这该作何解释？这是不是意味着，中国白酒可能已经告别增长阶段了？

了解中国白酒行业的人，多会对2013年后的数据格外敏感，因为整个中国白酒的产量和销量出现了不尽如人意的变化。

这一变化，在"黄金十年"的反衬下，愈发显得"悲凉"。

　　"黄金十年"，乃无数白酒从业者甚为怀念的时光。从 2003 年到 2012 年的十年间，中国白酒依靠传统消费带动，市场迅速膨胀。那时，说中国白酒有着"千亿级"规模，基本无人反驳。从 2005 年开始吹起的互联网创业潮吞噬了大部分资金，当时的中国白酒仍采用传统的经销模式，可一大批"热钱"仍然流入中国白酒行业，直接使中国白酒行业规模猛增。在持续提价中，高端白酒具备了金融属性，于是，各种酒类交易所纷纷成立。

　　那时，与中国白酒相关的投资者和从业者，几乎不费吹灰之力就捡了个"金矿"。

　　他们过惯了舒坦日子，自然无法适应 2012 年降临的"调整期"。

　　从 2012 年开始，一部分消费市场出现变化，这让很多已经成熟的渠道被切断，从业者只能依靠自饮消费市场维持。更严重的是，当时媒体屡屡曝出"塑化剂超标"事件，让消费者对白酒行业的整体质量存疑，人们的消费信心严重不足。

　　随后，整个中国白酒行业的市场急速萎缩，龙头企业的业绩更是坍塌式下跌。遭受重创的，正是那些怀抱"金矿"的投资者和从业者。

　　于是，唱衰白酒的论调出现，甚至有人预测，中国白酒行业将会一蹶不振，最终被外国酒取代。

　　正所谓"外行看热闹"，唱衰白酒的人肯定没有发现数据背后的奥秘。实际上，这是中国白酒行业的"调整期"，不仅不是灾难，反而是一次机遇。

回看"黄金十年"，表面上莺歌燕舞，实际上是某些特殊时期的消费需求高涨造成的市场虚胖，让行业失去了应有的活力。因此，中国白酒行业在这十年里被惯出了很多坏毛病：龙头企业的一些决策者缺乏维护品牌形象的意识，一味追求利润，粗放发展。他们想当然地对产品进行"高端化"处理，随意提价，让市场出现了对奢华消费的盲目崇拜气氛，高高在上地俯视消费者。更有甚者，开始偷工减料……

对于经销商们来说，"黄金十年"还给人们带来了一种幻象：白酒产品似乎永远不愁卖，只要在生产着，就能持续赚钱。因此，他们采用非常粗暴的方式待客，没有任何服务意识可言。

这种野蛮而低端的发展方式，正好与当时浮躁的白酒行业形成默契。进而，中国白酒成了宴请的主角，并开始与面子文化捆绑，我们此前所说的"中国白酒四宗罪"，正源于此。

这些因素，导致当时的精英群体对中国白酒嗤之以鼻。于是，外国酒才能钻了空子，成为大众酒类消费的主导产品。

若再不结束"黄金十年"，中国白酒将在持续积累的隐患中被继续"妖魔"化，甚至会被送上断头台！

基于此，再看2012年之后的"调整期"，可谓一场及时雨。这场雨，浇醒了无数从业者和投资者。

对某些不当消费加以限制，无异于在一头臃肿不堪的大象身上割肉，虽然剧痛难忍，却让从业者看清了中国白酒行业发展的

酒变

正路：只有回到大众那里，通过提升品质、精细酿制、营销整合，才有可能健康发展，才有可能让自己的投资获得回报。

都说"思长远、谋大局"，"价值投资"讲究看到未来，而不是单纯地看现在。对于酿制了数千年的中国白酒而言，终结"黄金十年"绝对有利于未来市场的稳固发展。此后，白酒行业进入了一个可持续增长的新阶段……

跟着嘴投资

局外人常说，"资本寒冬"源于大家扎堆投资，从而吹起行业泡沫。

泡沫破了，寒冬就来了。

到了 2020 年，互联网行业处处呈现着"过剩"，以至于流行着这种说法：超过 35 岁就不要到互联网行业创业了，因为机会和运气所剩无几。粗略估算，当时的互联网产品成功率不足 1%，即便是那 1% 成功的产品，其持久发展的潜力也远远不够。

对于投资者来说，投资了持久力不够的产品，无异于割破了动脉。毕竟，市场不允许人连续试错，若产品不能持久受到欢迎，则意味着创业项目没有了持续的营业收入，失去了成长空间，一旦现金流断了，一切都会灰飞烟灭。这时，投资者就成了炮灰。

只有产品够好，投资项目才有可能安全活下来。这很符合"价值投资"的第二个目标特征——生命周期长。

只有遇到生命周期长的项目，投资者才有可能和时间交朋友，通过持续不断的复利来积累财富，从而和巴菲特一样实现"价值投资"。

巴菲特是如何发现持久的产品呢？这离不开他的"嘴上功夫"。

在20世纪30年代，五岁的巴菲特就痴迷上了一种饮品，而且，这一痴迷就是50多年！

将巴菲特迷住的饮品，就是我们熟知的可乐。由于它含有咖啡因，容易使人上瘾，所以可乐能在很长时间里，让很多人产生饮用依赖。于是，喝了50多年可乐的巴菲特，断定可乐是非常有生命力的产品，便在20世纪80年代计划投资可乐项目。

当时，可口可乐新推出樱桃口味系列产品，这直击巴菲特的味蕾，于是他当机立断，投资可口可乐。

可以说，巴菲特的一部分投资偏好，受他的嘴影响。自己爱吃什么，爱喝什么，就投什么，不需要什么专业知识和数据模型，就可以推导出一个简单朴素的道理。巴菲特跟着自己的嘴，和可口可乐深度捆绑，在此后的几十年中持续投资。

结果呢，可口可乐来了个"神助攻"。十年后，它带给巴菲特超过10倍的收益，让巴菲特在后半生得以"封神"。

如此有生命力的产品，除了可口可乐，还有中国白酒。

"你看，当你遇到烦心事了，就端起了白酒杯。所以说，这'资本寒冬'让多少人遇到了烦心事啊！他们岂不是都有理由端起白酒杯？"

我的这句话，让老贾笑出了声。事实的确如此，那些经历过成败，感受过盈亏，面对过"铁腕"的人，一旦接触了真正的中国白酒，就能暂时忘却忧愁，将诸多不顺消散于酒盅之中，待重整旗鼓之后再出发。

"何以解忧，唯有杜康。"

人生的第一口白酒是什么滋味？辛辣？苦涩？总之，每个人都被强烈的味道所刺激。这种源自醇类物质的刺激感，仿佛要辣透人的五脏六腑。

正如小孩第一次喝可乐的感受，刚入口就被辣到了，硬着头皮吞下后，又被一股强烈的气体呛的直打嗝，难受至极。不过，尝试几次之后，有人就发现了其中的美妙感觉，久而久之，在炎热的夏天，在运动之后，他们都习惯来一瓶可乐。

曾有人对我说，他之所以喜欢喝可乐，主要是享受碳酸划过喉咙时轻微的刺痛感。

同样，第一次喝白酒虽然让人难以接受，但尝试几次过后，细心的人就会慢慢感受到香气，可以说是酸、甜、苦、辣俱全。再往后，适应了白酒对口和心理的双重刺激，有人学会了啜饮，小口慢咽渴望去品味白酒，他们成了在时间中沉淀下来的有内涵的酒民。

当遇到了真正的中国白酒时，他们就会被那种自然的酒香吸引。复杂、醇厚、柔顺、层次分明的味道，让人浑身上下有通透舒适的感觉。随着愉悦感的到来，酒民们就爱上了中国白酒。

他们都上瘾了！

可乐和酒，都容易让人上瘾，还都是合法的常见消费品，可以长久流通。可乐流行了很多年；中国白酒流行了数千年，过去、现在、未来，都不会变。

面对这种动辄流行了上百年、上千年的产品，还有谁敢怀疑它的生命力呢？

酒过三巡，老贾谈起了原来做投资时的种种经历。

那时，他每天早上打开电子邮箱，映入眼帘的是密密麻麻的未读邮件。不用看都知道，这些都是等待融资的创业项目介绍，他没有精力逐一阅读。

即便点开一封邮件，他也不会观看附件里的PPT。

但凡有一点经验的投资者都明白，评判项目优劣并不依靠PPT。一份很炫酷的PPT，凸显的只是市场人员的策划水平。即便PPT做得很有内涵，充其量只能说明创始人有情怀，品牌有调性。

投资者评判项目，有一个条件不容商量，那就是商业模式。不论创始人如何满怀激情，不管产品创意多么新奇，核心问题肯定会落在商业模式上。通过商业模式，投资者可以了解产品的目标用户、卖点和营销途径。如果这些因素能形成价值闭环，这个项目在理论上就有可投资空间。

不过，如果项目已经存活了超过三年，那就简单多了。投资者会尽可能让创始人提供近三年的财务数据。在确保数据真实的前提下，他们会从营业收入、现金流等指标中判断项目的成长空间。

毕竟，与真实的财务数据相比，商业模式只是一种理论，不能直接证明项目是否有可行性，最多算是佐证。想衡量项目价值，通过实实在在的业绩最靠谱。

说到这里，我建议老贾关注一下中国白酒行业的数据。即便处在"调整期"，中国白酒行业的利润率仍然较高，不少大企业的毛利率甚至高达90%，这在其他行业是极为罕见的。相比之下，新兴行业的整体毛利率大多低于15%。因此，在未来5年至10年，中国白酒行业的盈利水平会高于许多其他行业。这意味着，如果眼光好，投资中国白酒行业，即便不能大赚，也能稳健地持续得利。

天生的爆品

为什么互联网行业即使处于泡沫破裂时期，依然能受到资本方关注？仅仅是因为它们富含科技因子吗？

要知道，比互联网更前沿的项目不胜枚举，比如与人工智能、5G、边缘计算等相关的项目，哪一个不是耀眼至极？

资本方之所以关注互联网，主要是因为其产品具备社交属性，这大大提升了其资本价值。

还记得史蒂夫·乔布斯推出的第一代苹果手机吗？它为什么改变了整个手机市场？

在苹果研发手机之前，史蒂夫·乔布斯发现，市面上的手机功能仅仅是打电话、发短信、玩简单的游戏和粗画质拍照。那时，人们每天使用手机的时间不超过三个小时。

于是，史蒂夫·乔布斯重新定义了手机。除了颠覆性的外观，苹果手机还设置了上网、联机游戏、听音乐、使用社交软件等功能。对于这样具有娱乐功能的手机，人们兴趣盎然，产生了诸多围绕着它而展开的话题，这个产品在好奇心强的年轻人群体中产生了轰动效应。然后，在一个个社交场景中，苹果手机迅速完成了横跨亚洲、欧洲、美洲的市场布局。

可见，苹果手机的用户群体之所以能迅速裂变，是因为其产品携带的社交功能。

如我们此前说的，出于本能，人类惧怕被孤立，所以才有了社交。在错综复杂的社交关系网络中，绝大多数人忍受不了锦衣夜行。如果有一个产品，能够促进人与人之间的交流，能够帮助人们充分展示自己的另一面。毫无疑问，这个产品就处在"刚需"上，四周环绕着深厚的护城河。

社交属性，成了投资者主动研究产品的诱因。在他们眼中，拥有社交属性的产品，存在更多的裂变机会，会通过一个个社交场景壮大并形成稳定的市场。这很符合"价值投资"项目的第三个特征——裂变机会多。

从 1999 年的"QQ"，到 2009 年的"微博"，再到 2011 年的"微信"，这些数一数二的爆品，均来自高速扩张时期的互联网行业，得益于互联网行业本身具备的网络互通优势。直至今日，90% 以上的互联网产品，都把社交作为底层逻辑。

只不过，互联网产品的社交属性，需要通过缜密的功能设计和场景营造来实现，这离不开大手笔的持续投入。

随着各赛道竞争加剧，与社交相关的成本陡增，这放大了项目的财务风险。

相比之下，一出生就自带社交属性的产品，更容易在低成本运作中裂变，比如中国白酒……

"最近一定得找个机会，多找几个朋友组个局，一起喝酒。咱们可以叫上自己圈里的好朋友。"

喝到酣处，老贾的情绪被彻底调动。无奈，酒桌边只有我俩对坐，让他觉得很没意思。于是，他要求尽快再组一局，享受更热闹的喝酒氛围。

老贾的心思，恰好反映出中国白酒所拥有的独特的社交属性。与外国酒适合独饮的特性不同，中国白酒更适合聚会时消费。

正所谓"无酒不成席"，从古到今，无论久别重逢，还是应邀参加聚会，只要有了中国白酒，就有了叙旧情的渠道，让人不再拘束，能够在酒桌上畅谈人生，让人与人之间的关系很快融为一体。

说白了，老贾想组织一个更多人参与的酒局，还想叫上圈内好友，无非就是想扩充人脉，让两个行业的朋友建立联系，抱团取暖。如很多人坚信的一样，酒局是人际交往的好场合，在酒桌上认识的新朋友，总有人会成为自己未来发展中的"贵人"。

包括我国、日本、韩国等在内的东方国家，广泛流行着在酒桌上谈公务的传统，因为在酒桌上更容易创造融洽的氛围，人们把事情谈成的可能性就更大。可以说，越隆重的场合，越重要的嘉宾，越强烈的诉求，就越离不开中国白酒。

既然不少酒民在宴会上把中国白酒视为自己的饮品首选，自然为其赋予了很高的社交价值。实际上，包括工业、农业、金融在内的主要行业宴会，在许多重要的商务场景，人们容易看到中国白酒的身影。也可以说，各行业的有识之士非常重视本土传统文化，这也促进了中国白酒在饮酒人群中的传播。

更重要的是，人无论年轻，还是年长，要想发展外向型事业，就要面对商务场景。对于中国白酒而言，它身处商务场景中，就具备了促进合作的功能。由此，中国白酒与商务场景构成了强关联关系，成为商务消费市场的重要组成部分。

我们曾说，人普遍具有从众心理，在商务场景中亦不例外。借由大众的生活需求，加之精神、情感、利益的驱动，中国白酒何愁解决不了裂变问题？

千年裂变史

中国白酒之所以具备长久裂变能力，主要是因为东方人的聚饮习惯。对此，曾有人提出质疑：在当代社会中，越来越多的人

酒变

追求"高质量的独处",传统的商务场景或会因此改变,中国白酒将不再是社交主角。

更何况,互联网带给人们一个全新的线上社交空间,势必能取代一部分的线下活动,所以说,中国白酒的裂变速度可能会减缓。

这种质疑,看起来似乎有道理,但提出质疑的人却忽略了一点:我们骨子里的文化基因,不会被轻易抹去。

不然,以聚饮为主的喝酒习惯,为何能流传千年呢?

如果能实现一次穿越,让你回到多年前的北宋,你可能会看到两种场景。

第一种场景,一个个粗瓷大碗摆满长桌,碗中盛满浊酒,好几位嗓音洪亮的彪形大汉围坐在酒桌上,行祝酒令,真如李白诗中的"会须一饮三百杯"一般。如此豪情的酒局,贯穿了整个北宋的基层社会中。

在《水浒传》的故事中,作者提及的梁山好汉过百人。他们在生活中,最不能缺少的就是酒局。《水浒传》开篇第三回,作者就安排上了一局,由史进、鲁达、李忠在潘家酒楼进行。只不过,本来好好的酒局,被别人搅和了,这酒自然没喝尽兴。

于是,在后面的故事中,关于喝酒的桥段超过了 200 次。在整个故事中,超过 10 回提及喝酒。如果我们把《水浒传》中涉及酒的部分抽离,不仅作品的美学价值大打折扣,整个故事的情节也会支离破碎,因为《水浒传》的主线就是梁山好汉的不断聚集,而聚集的媒介，正是酒。

都说"艺术源于生活"，名著亦如此。《水浒传》之所以反复说酒，正源于当时社会已经形成了以酒为中心的社交风俗。

再看第二种场景，则完全相反。一盏盏白瓷杯盛满清酒，宾客围坐在一起，以诗行酒，整个场景弥漫着清贵的雅致。

文学家欧阳修，曾在著名的《醉翁亭记》中写道："宴酣之乐，非丝非竹，射者中，弈者胜，觥筹交错，起座而喧哗者，众宾欢也……"可见，北宋时期的文人，喜爱在山水间聚会，一边饮酒，一边玩文字游戏。

这是一项十分古老的社交活动，名为"行酒令"。早在先秦时期，社会上就有了行酒令的雏形，在两汉魏晋南北朝时期，行酒令逐渐成熟。到了唐宋时期，有关行酒令的活动到达高潮，衍生出了角色扮演、口头文字、博戏、射覆（占卜猜物）等多种方式。如此，以酒为媒，通过活动拉近自己与酒桌中不相熟的人的距离，从而形成更大规模的互动。

这和今天许多酒民爱玩的划拳不一样，行酒令涉及的内容高雅，颇有内涵。我们熟悉的《兰亭集序》，就详细描写了南北朝时期文人之间的行酒令活动。"引以为流觞曲水，列坐其次"，在那个没有椅子的年代，王羲之和同道中人一起，席坐在竹林中的潺潺流水边，将酒杯放在山涧中，顺流而下，杯子停在那里，对应位置的人就要饮酒。

如此，他们营造了清雅的交流氛围，更为动荡时代的个人志向，提供了一个情感出口。

我认为，这种聚饮方式，颇具文化内涵，对个人的心智提升很大，完全可以胜过所谓的"高品质独处"。

这也就是我们常说的："和对的人，喝对的酒。"

我把它总结成另一句话："和靠谱的人，喝靠谱的酒。"

时至今日，"流觞曲水"已成为一种高端文化现象，尤其在文学圈里，流行着文人墨客们心意相通的畅谈聚会，并常用"流觞曲水"来命名，当然，他们都需要中国白酒。

值得一提的是，"流觞曲水"随着唐宋文化东渡，在日本落地生根，至今仍是日本社会的主流活动之一。每逢夏历的三月上巳日（古代中国节日），日本民众习惯坐在河渠两旁，在上游放置酒杯，酒杯顺流而下，停在谁的面前，谁就取杯饮酒，以求消灾，得吉祥。

正所谓"风水轮流转"，任何事物的发展都有周期性。百年前，我们的前辈就在大谈文化复兴，他们四处奔走，努力着，到了21世纪第二个十年，世界发展重心向亚洲偏移，而整个亚洲又在看向中国。这正是我们发扬优秀传统文化的有利时机！

今天，作为古代高端文化现象的"流觞曲水"，很可能会随着文人雅士的增多，重新成为一种大众文化现象。只要大众社交活动的品质不断提升，这种以酒为媒的社交活动依旧会延续。

自带社交属性的中国白酒，已经裂变了千年，面对着广阔的市场前景，裂变规模也越来越大。

因此，中国白酒有着超长的生命周期，甚至流传着这样的说法：自中国白酒产生，一直到2003年"黄金十年"开启，这个阶段都是中国白酒行业的初创期。这种说法虽显极端，却反映出一个深刻的道理。

中国白酒离衰退期，还十分遥远，我个人认为至少还有几千年，甚至更久。

"遥远的救世主"

正聊着"投资往事"，老贾的手机突然响了，来电音乐居然如此熟悉。

"从来就没有什么救世主，也不靠神仙皇帝，要创造人类的幸福，就靠我们自己。"这不是唐朝乐队的《国际歌》吗？

年轻时我们经常哼唱的歌曲，大多富含文化底蕴，只是当年的我们并未感知到。比如，《国际歌》里唱到的"救世主"，很远又很近，远到我们根本看不见，近到我们可以牢牢抓住。

上至民族国家，下至团队个人，决定其成长命运的很重要因素，就是文化程度。强大的文化能造就强者，贫瘠的文化只能造就弱者。

我觉得，这里的文化程度可不是我们惯常认为的学历，它是一个更为宽泛的概念，通常涉及一个人、一个团队、一个民族、一个国家的生产和生活特性，不同的人会表现出不同程度的文化素质。

对一个人来说，从一言一行，到穿衣品位，再到处事态度，生活的方方面面都能折射出自己的文化程度。

换言之，文化程度是一种深深植入人脑中的思想序列，并不以个人的意志为转移。通过行为表现，别人一眼就能看透我们的文化程度，根本无法去掩饰。

这一点，在饮酒时就被展现得淋漓尽致。

毫无疑问，我们此前曾说的"中年油腻男"，就通过劝酒、吹牛等行为在酒桌上表现出了极低的文化程度，让人极不舒服，丝毫没有"美"可言。

也可以说，想要测试一个人的文化程度，通过中国白酒再好不过了。

中国白酒自进入人类视野之初，就被视为珍品，用于高级别的祭祀活动，参与人们对天地生死的构想，以及与神明的沟通。

中国先民最早的宇宙观，由天、地、人构成，在祭祀活动中，他们不仅崇敬上天、感恩大地，还祈祷风调雨顺、作物丰收。在古代，传统的国家祭祀活动中的重要角色，是由一大批有知识和有能力的社会精英扮演。经过代代相传，祭祀活动渐渐具备了理性特征，在纯粹的敬神目的中，融入了精英文化。

研究先秦文学的朋友都知道，在先秦儒家经典中，处处可见关于祭祀的言论，比如《论语》中有"吾不与祭，如不祭"（我如果不亲自参加祭祀，由别人代祭，那就如同没参加祭祀）。再比如

《荀子》中有"祭者，志意思慕之情也，忠信爱敬之至矣，礼节文貌之盛矣，苟非圣人，莫之能知也"（祭祀，表达了人们的思慕之情，是忠信爱敬之德的极致表现，是礼节文饰的极盛展现，如非圣人，恐怕不能理解其精义所在）。

与今日之文人雅士不同，先秦时期的文人和精英，人格独立且责任心强，思想深邃且有浩然之气，他们往往是社会的中流砥柱，备受尊崇。因此，他们的饮酒活动透着一股真实，如竹林般恣意潇洒。

也可以说，自进入人类社会的第一刻起，中国白酒就承担起连通天地，引领社会的重任，并被赋予了高贵的气质。

经历了一代又一代的文人和精英，中国白酒已然成为文化符号，具备了文化属性。由此，中国传统酒文化开始形成，早期在先秦诸子文学中出现，如《诗经》中就有"为此春酒，以介眉寿"。此前所说的"行酒令"，就是由中国传统酒文化派生出来的社交方式。

谦谦君子，在饮酒之后，仍然神定气若、文采奕奕。这才是高人。

物换星移，历史演进。当祭祀、文化、酒等元素糅合于一起时，传统的社会制度和文化方式，就在深沉的情感和高度的理性中找到了平衡点，进而延续了千年。

放眼世界，没有一个国家不在努力继承优秀的传统文化，因为任何优秀的文化成果都是难以估量的财富，完全可能在当今继续升级，持续提升国家的文化实力，进而让国家发展得更好。当我们需要传承优秀的传统文化时，中国白酒自然是一种不错的载体。

也就是说，富有文化属性的中国白酒，可以让国家、民族和个人强大，这时的中国白酒，就是"天使"。若把文化属性抽离，中国白酒还剩什么？酒民们的自吹自擂？

失去了文化底蕴的中国白酒，就成了"魔鬼"！

抢占一级市场

和老贾的那次小聚，用四川话来讲，简直太安逸。

只不过，那次小聚后不到一个月，一场席卷世界的新型冠状病毒肺炎疫情就暴发了。

一夜之间，很多人感觉仿佛回到了2003年"严重急性呼吸综合征"疫情来袭的日子。除了对未知病毒的恐惧之外，当时的人们破天荒地尝试了居家办公（SOHO）。比如我，在体验了一个月的居家办公之后，感觉无比惬意，因为它为我创造了一个非常美妙的独立思考空间。

同时，我国的电子商务产业也因此而快速发展，造就了阿里巴巴等互联网龙头企业，并进一步触发了大规模的互联网创业。

这次事件之后互联网产业蓬勃发展，带动了很多产业的快速扩张，从而加快了整体的工作节奏，很多人实现了财务自由后内心开始变得浮躁。

于是，部分地区悄然刮起了一股奢靡风。很多人不惜重金购买奢侈品，如衣物、红木家具、翡翠等，只为满足自己的虚荣心，忽略了该看重的它们的使用价值。

这时，很多人都忘了皮实耐用的夏利车，忘了物美价廉的中华牙膏。这些改革开放以来的优质本土产品，居然因为朴实和亲民，反而被一些人忽视了。

到了2015年前后，粉丝经济和网红经济风潮迅速兴起，当这两股风潮遇到了奢靡风，一些人就容易被一些噱头吸引，轻视产品的实用功能和文化内涵。

直到2019年年末突发的新型冠状病毒肺炎疫情，让这些风潮戛然而止。

没人预料到，这次疫情的猛烈程度远超"严重急性呼吸综合征"疫情，波及多个地方，贯穿整个2020年，对世界的经济发展造成了重大影响。

这时，越来越多的人意识到，危难时刻挺身而出的不是明星，更不是网红，而是身边的医生、军人和志愿者。于是，网红很难再通过流量赚取持续性收入了，整个网红经济和粉丝经济产业开始缩水。

此外，新型冠状病毒肺炎疫情的超强肆虐，让很多人开始重视生命的本义。从"活着就好"，到"活在当下"，许多人的观念开始悄然改变，大家开始关心身边的事物。

酒变

　　越来越多的人有了"享受今天、享受生活、享受亲情"的态度。这些人不浮夸、不造作，只想活在当下，细细看待周遭的一切，发现好的机遇和好的产品，热爱优秀的文化和向上的事业。他们更容易识破各种营销噱头，更善于通过一番抽丝剥茧，发现产品的实际价值。

　　于是，一些行业的升级速度加快，各类社会热点的寿命更短。

　　例如，直播带货在2020年上半年大热，催生了一些有着巨大"流量"的网络主播，网红罗永浩开始直播带货，一度掀起了"全民带货"风潮，各路影视明星和商场人物纷纷加入直播带货行列，各路资本也纷纷布局，发展之快让人惊讶。

　　然而，不等2020年过完，直播带货的泡沫就开始破裂了。一方面，"头部"主播占据绝对优势；另一方面，不少"腰部"和"尾部"主播不断曝出"假销量数据"和"商品质量"问题，反映到资本市场上，直播带货类的项目中途失败的不少。

　　也就是说，直播带货的"风口"存在时间极其短暂，很多人还没有反应过来，"风口"就迅速关闭，然后呢，这些人被狠狠地摔在地面上。

　　不只是直播带货，包括新零售和租赁业务在内的诸多热点投资项目面对的环境都很复杂，整个行业的投资周期缩短，项目的生命力减弱。

　　于是，大批投资企业将自己的阵地，通过二级市场转移到了中国白酒行业。

从 2020 年下半年起，包括茅台、五粮液在内的一些龙头企业的估值迅速提升，茅台的最高估值纪录更是超过 27000 亿元！其原因就是大批避险资金进入，形成了强大的正向激励作用，引发股价大涨。因抱团而产生合力的诸多基金一度成为明星基金，在社会上引发了人们的申购，进一步推高了它的估值。

这不就是没有思考的从众行为吗？

那些投资老手是聪明的人，大都明白"价值洼地"的道理。要想实现收益最大化，最有效的行为就是找到"价值洼地"。所谓"洼地"，即中间低四周高的地方。二级市场中的"价值洼地"，往往深藏在那些低估值、高潜力的项目上。只不过，二级市场上的中国白酒项目，基本上是龙头企业，市值普遍被高估了。

想想看，尽管中国白酒市场空间大，尽管龙头企业的实力强劲，但动辄百亿级、千亿级，甚至万亿级的估值，需要多大的体量才能支撑住啊！如此高的估值，还能有多大的提升空间呢？

到了 2021 年年初，一些上市龙头企业的估值来了个大跳水，让不少投资企业和个人投资者傻了眼。

这些龙头企业的估值还会上涨吗？或许会，但是，他们的上涨潜力，一定没有新锐企业大。

要想发现中国白酒行业的"价值洼地"，必须看向一级市场，那里有低估值、高潜力的新锐企业。

那么问题又来了。新锐企业多处于初创期，面临一定的风险，该如何避开风险，淘得真金呢？

想衡量新锐企业的发展潜力，关键看以下四点。

第一，遵循传统制酒技艺，不盲目创新。

第二，在传统酒文化的基础上，有能力创造并传播新的关于酒的文化。

第三，能讲好中国白酒故事，通过新视觉形象和新产品，打造价值稳固的新品牌。

第四，有强运营能力，既能搭建牢固的社群组织，还能与其他行业广泛结盟。

投中拥有上述四个特点的新锐企业，方可命中未来 30 年中国白酒的发展脉络。

尾篇

30 年后的
我和你

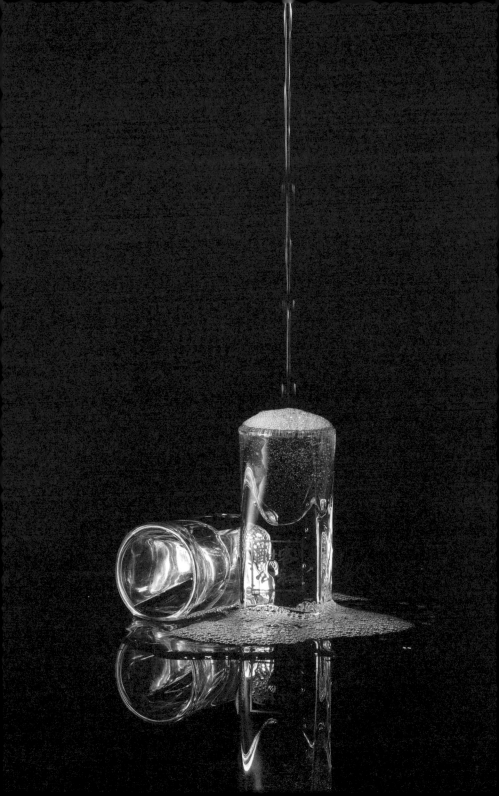

第14章

以后的事情

酒变

武则天的故事

一位颇有姿色的少女，被卷入后宫风云诡谲的斗争后，等待她的是什么呢？

若在盛唐时期，这位少女必须步步为营、处处小心，因为一不小心就可能酿成大错，甚至牵连整个家族。

话说这位貌美少女，14 岁就开始接近唐王朝的权力中心，成为唐太宗李世民封的才人。

只可惜，当时的李世民年长她近 30 岁。不等她在后宫站稳脚跟，李世民便驾崩，她和其余嫔妃一样，只能被迫在感业寺出家，直至人生就此落幕。

但是，她不甘人生就此落幕，而是用尽招数，让唐高宗李治（李世民之子）对自己欲罢不能，从而顺利回宫，进而成为李治最为信赖的女人。

能够侍奉两代君王，说明这个女人不仅气质出众，还有一些本领。

这个女人正是大名鼎鼎的武则天。对她来说，侍奉好君王，只是雕虫小技。

事实上，武则天有诸多过人之处。她不仅行事果断、利落，眼界开阔，还有较强的综合管理与决策的能力。当她的治国水平超越李治时，理所应当地获得了对方的信赖，继而走上了皇权位置。

当然，在那个封建时代，从王公大臣到黎民百姓，无人能接受一个女人当皇帝。在登基的路上，武则天又表现出一种极致的阴狠，让无数反对者身首异处、家破人亡，还让很多人不寒而栗，直到自己成为"天下"最尊贵的人。

据传说，登基后，武则天做的第一件事就是强化城防。经与同门兄弟商议，武则天决定大兴土木，建立四座高关，硬是为长安城塑造了一个保护圈，由同门兄弟把守，并在关前各设"迷魂阵"，让人举兵不得，造反不得。

眼看"天下平定"，武则天打算大宴群臣，昭告天下。于是，她派人收集"天下名酒"，大摆"酉水阵"。

"酉水阵"当天，各路官员、文人贤士汇集长安。只见多种好酒，均用上等酒坛盛放，披锦裹绸，置于酒桌之上。通过这些好酒，武则天在收服名人的同时，也向"天下"宣示了自己的权势。

在古代男权社会中，女人获得那样高的地位的情况，极为罕见。于是，武则天的故事在后世得到广泛传播，比如，清朝文人李汝珍，就把武则天一生的经历记录在《镜花缘》中，供后人窥探这千年前的血雨腥风。

　　女人表现出与众不同的超强能力时，往往能获得很多的资源。她们懂得以酒为媒，与高人进行一番有温度的灵魂对饮时，也为自己事业的发展打下了基础。

此生不锁眉

　　未来 30 年，世界会发生什么变化？

　　可以肯定的一点是，人工智能技术将进一步覆盖全球，我们需要重新定义工作和生活方式。

　　以前，我们的父辈多以大家族的形式来生活，男主外，女主内。即使在家里，女人们也有所分工，有人负责取水，有人负责做饭，谁也离不开谁。

　　这种形式存在了千年之后，被异军突起的科技力量打破。

　　随着生活便利程度的提升，大家族中的成员在经济上相对比较独立，女人们有了独立生存的更多可能性。

　　这时，有事业方面的梦想，并渴望家庭话语权的女人，开始走出家门。

　　"宝妈重出江湖！"这是我在近两年看到的极普遍的现象。

　　然而，在未来 30 年，绝大部分工业、服务业和农业生产将被智能技术覆盖，传统的人力需求将大幅减少，男人们可能会遇到"中年危机"，对于女人而言，要在男人很多的商业社会中竞争，无疑是个难题。

除了各种保险代理和日用品代理，重出江湖的女人们，似乎找不到其他事业支点。

殊不知，要想走向事业高峰，女人有着一条"捷径"。

既然武则天能够"以酒为媒"，那么有的女人，也有理由通过中国白酒，找到事业支点。

我见识过很多从事中国白酒的女人，她们所获得的事业成就，远远超过其他行业的同龄人。

在醅客君丰酒窖里，有一位女性品酒师，格外出众。她自幼随父出入酒厂，据说在冥冥之中，迷恋上了酒糟的味道，还偷偷学会了喝酒。

用她自己的话来说，和中国白酒的缘分属于天注定。步入社会后，她一直忘不了中国白酒里醇类物质的芳香味道，就开始跟着父亲学习品酒。

将父亲的全部"绝活"收入囊中后，她毫不犹豫地走进了中国白酒行业。在她的市场团队中，近三分之二都是女性朋友。由于成绩斐然，团队成员凭着自己的能力，人手一辆汽车。

这并非巧合。女人选择从事中国白酒行业，具有两大优势。

第一，目前中国白酒的消费群体以男人为主，当女人参与到中国白酒的市场业务中，就迸发出"异性效应"。

"异性效应"，通俗来说就是异性接触时，自然产生的一种特殊吸引力，这种吸引力对商品交易通常能起到积极作用。比如说，我和老友们一起聚会时，一旦有女人在场，男人们则会表现出绅士的一面。

归根结底，在异性面前，男人更容易被激发出责任感、保护欲、积极性和创造力。而且，基于中国白酒的催化效应，异性之间交流沟通的愉悦感将进一步增强，有利于业务合作的达成。所以说，女人从事中国白酒有着天然优势。

第二，能适应并热爱中国白酒的女人，绝对不是一般人。

这样的女人，往往性格豪爽、办事干练、霸气外露、不怒自威，适合从事经商等具有挑战性的工作。这样的女人，可以畅快地谈事业，谈合作，谈竞争。有时，她们过于要强的态度，甚至让男人们自愧不如。

而且，这样的女人还拥有独立思考的大脑，以及独到的事业观，她们总能以辛辣姿态站在中国白酒行业的最前沿。

这是冥冥之中注定的？就是冥冥之中注定的！

中国白酒提取了粮食的精华，汇集了这个世界上很有价值的植物营养，最能反映人生的酸甜苦辣，尤其是女人的一生。

可以肯定的是，未来很长一段时间内，中国白酒行业是许多女人在事业上可以尝试的方向。

"牛人"的选择

"牛人效应"，对资本市场的影响越来越明显。

"牛人"的所作所为，早已成为专业投资者和普通投资者学习的范本。"牛人"所投资的企业，一度成为资本市场追捧的对象。

"牛人"为何如此厉害呢？

在老百姓眼中，"牛人"都是"能干的人"，既能赚钱，又能实现自身价值。通常，"牛人"普遍有头脑，有格局，有特长，有知识，有人缘，有资产。

当我们结合未来趋势，以及资本与技术层面的要素来看，新时期的"牛人"应该具备足够的金融知识，创新的思维理念，高雅的审美水准，某一领域的技术（或管理）特长，独立的人格魅力，独到的眼光。

牛人，正是分布在各行业的精英们。

在选择投资（或从业）行业时，他们的大脑里，会飞速闪现出这样一系列的问题。

第一，行业市场容量是否大？

第二，行业发展脉络是否清晰？

第三，是否拥有"护城河"？

第四，行业集中度高不高？

第五，行业价值是否普遍被低估？

……

这些问题，若能在某个行业中得到肯定的答案，那么，这个行业在"牛人"眼中既是"价值洼地"，也是"事业圣地"。

"既是'价值洼地'，也是'事业圣地'？"这样的行业果真存

酒变

在吗?

要知道,如果某行业是适合投资的"价值洼地",就不是"事业圣地",因为"价值洼地"的市场未被打开,行业利润较低,创业和从业的投入成本大,工作过程太艰辛,"牛人"自身的闪光点则容易被掩盖。

而且,如果某行业是报酬丰厚的"事业圣地",就不是"价值洼地",因为"事业圣地"的市场已经被高度开发,价值增长的空间有限。

有一个行业是例外,那就是中国白酒行业。

中国白酒行业的市场容量自 2000 年以后,就在万亿元规模的基础上持续增长。尽管在 2013 年进入"调整期",引发了人们关于行业前景的质疑,但不盲从的"牛人",却从"调整期"中看到了"去伪存真"。他们认为,中国白酒行业的市场秩序将不断完善,行业发展的客观规律将更清晰。

万亿元规模,是很多行业的终极目标,对于中国白酒行业而言,这只是一个阶段性的规模。

换言之,身处"价值洼地"的中国白酒,行业的整体利润,仍在互联网等新兴行业之上。

同时,中国白酒还是精英们的"事业圣地"。

关于中国白酒的产品形态、制造工艺、生产流程,行业内外已达成了一个共识。其中,遵循传统工艺最重要。也就是说,当下专注于传统制酒工艺的公司,正在为自己建造"护城河"。一旦建成，那将是它们的厚积薄发之日。

由于市场范围大，中国白酒的企业数量众多。粗略统计，能够酿制中国白酒的企业超过两万家，而成规模的企业只有千余家。

即便是这千余家企业，也没有出现完全支撑起整个市场的企业。这说明，中国白酒行业在高集中度的现状中，始终没有绝对的寡头出现，而且，在近十年的持续洗牌中，不断有老品牌掉队。目前，包括茅台、五粮液、泸州老窖等龙头企业，谁也没有十足的把握成为未来的"统治者"。

有一个趋势，在2020年的新型冠状病毒肺炎疫情之后更加明显，那就是消费者更重视产品的自身价值，过往的"面子消费"和"名酒效应"等概念开始淡化，这就有利于整个中国白酒行业找回优秀的传统，包括道德、工艺、文化、诚信等。今后，中国白酒将告别焦虑与躁动，回归到真正的自然与简朴中。

此外，消费者将更喜欢有特别的口感并令人回味悠长的酒体，还将更重视"饮后不头疼"这个特点。

如果再深入思考一步，这是我国酒民们在潜意识中向中国白酒靠拢。进口外国酒只在20世纪90年代风光一时，随着2000年以后中国人的消费水平提升，2010年后许多中国人的旅行脚步遍布全球，包括外国酒在内的海外商品，将越来越平凡，不再神秘高贵。

这意味着，适合新时代消费者的新品类，将于未来30年内在中国白酒行业中出现。

酒变

什么是新品类？简单理解，它遵循传统工艺，并由精英人士为其赋予创意的价值与传统的文化底蕴。新品类的中国白酒，是极富内涵的新品牌，蕴含优秀的文化因子与金融附加值，可为各路精英人士与投资人带来可观的回报。

因此，在世界范围内，各路精英选择中国白酒，投资人投资中国白酒，在未来 30 年将是一股潮流。终极结果，就是全球的酒民爱上中国白酒。

文化与循环

"上周你说去朋友那里品尝轩尼诗，感觉怎么样？"

"感觉怎么和其他的葡萄酒不一样呢？"

"你知道轩尼诗是白兰地吗？"

"不知道啊。"

和一位企业家对话后，我即刻陷入崩溃边缘。都说外国酒流行，都说品外国酒的人多，但有多少人真的了解它们？有多少人是纯粹的盲从？你根本不了解外国酒，更不了解中国白酒，凭什么就能评判二者的优劣呢？

2018 年岁末，香港歌手陈奕迅的新歌《龙舌兰》发行。借由他在乐坛的名气，这首歌一发行即大火，顺便带火了龙舌兰，很多陈奕迅的粉丝，开始尝试龙舌兰。

陈奕迅的这首歌，给我带来了"余音绕梁"之感！

到了 2020 年，台湾歌手周杰伦发行了一首新歌《Mojito》（莫吉托），一时间引起大范围的关注。莫吉托是一种用朗姆酒为基酒的鸡尾酒，喝起来有股薄荷味和酸甜的水果味。

不意外的是，周杰伦的名气很大，一首新歌也引得无数忠实的粉丝纷纷尝试。一时间，莫吉托大热，这首歌进一步普及了这种酒。

意外的是，作为流行乐坛"中国风"的推崇者，周杰伦的新歌这次在为莫吉托打广告。什么时候，中国白酒能在流行文化中占据一席之地呢？

从曹操的"何以解忧，唯有杜康"，到李白的"呼儿将出换美酒，与尔同销万古愁"。从杜牧的"借问酒家何处有，牧童遥指杏花村"，到苏轼的"明月几时有，把酒问青天"。这些古代经典诗歌，在当时均属流行文化。得益于当时的流行文化的推动，酒的价值才能被全社会认可。

法国社会学家让·鲍德里亚，曾在《消费社会》一书中提出这样一个观点：在现代消费社会中，消费文化成为社会文化的重要表现形式。每一种潮流消失后，便会翻新成一种新形式，从而形成消费社会的"文化再循环"。

包括躁动一时的网红在内，其实是"文化再循环"中的一个阶段形态，只不过网红的阶段十分短暂。对于网红中的"牛人"而言，唯有进行文化翻新，才能延长生命周期，否则就会走向沉寂。

要让中国白酒的价值彻底释放，让全世界爱上中国白酒，我

们必须让其真正地融入潮流，并不断循环。于是，我们有很多事
要做……

"酣"与"醉"

都说，日本的经济发展和消费领先我们一个周期。当我们开始
重新审视产品价值时，日本已经完成了"去奢华"和"去阶层"的
消费逻辑重构。

纵观日本酒行业，经历传统清酒、烧酒到本土威士忌的数次
迭代，终于迎来百花齐放的时代。日本人怎么饮酒呢？通常，人
们在忙碌一天后，约上三五好友，到居酒屋小聚一下喝几杯，或独
饮一杯，然后回家美美地睡一觉。至于拼酒、劝酒，很难见到。

当然，中国人要想有那样的消费习惯，对我们来说不太现实，
毕竟国人的传统与其不同且由来已久。我们的酒文化与日本人崇
尚的酒文化大不同。

不过，放松和愉悦自己的初衷，完全一致。

我们为什么要喝酒？且不论那些商务应酬，在自己家里，只
要你主动端起酒盅，图的应该是"酣"，而不是"醉"。

什么是"酣"？简单来说，饮酒到酣，没有一丝难受，而有一
种舒服的感觉，进而感到洒脱和痛快。它是"微醺"的进阶状态。

历史上不少文人、艺术家、思想家们，总习惯于从"酣"的
状态下获得灵感。

有一位画家朋友，深耕西方启蒙绘画和现实主义绘画，未曾涉猎传统国画。

我建议他，有机会尝试一下中国画，因为中西艺术与酒之间可能有相通之处，如果实在需要一座桥，那不妨喝上一点中国白酒。

结果，他真的用中国笔墨，在宣纸上画出了他南方老家的山水景致。

由于他惯用西方的绘画手法，力道十足，竟然画出了"北宗山水"（山水画有南北宗之分，二者风格和笔法皆有区别）的感觉。只见画中是皖南的一个小村落，表现得却十分宽宏，一笔一画皆很有精神。这种南北气韵的融合，看起来饶有精神趣味。

虽然他没有学过国画，但这位画家朋友在"酣"中领悟到了国画意境的本质：所谓的笔墨情趣，就是自身精神的写照。管你什么画派，只要技法成熟，只要眼界和心胸开阔，只要笔墨酣畅简约，把创作的灵感与自身的理性互动起来，酒脱地画一笔下去，气韵就生动了。

从"微醺"到"酣"的过程很容易，但保持"酣"而不"醉"，就不容易了。说到底，这需要行为人对自身加以克制。喝到"酣"时，中国白酒就是"天使"，喝到醉时，中国白酒就成了"魔鬼"。

当"酣"成为饮酒的第一目标，全世界的酒民都会爱上中国白酒。

我一直认为，重大的变革，总在不经意的时候积累着。

比如说，中国白酒能征服世界吗？

可以肯定的是，未来 30 年，我们将看到这一幕。既然中国白酒具有悠久的历史文化沉淀，很难被替代，而随着中国在世界上强大了起来，中国白酒及其酒文化也会被世界上的很多人传播和接受。

实际上，任何一种日常生活中的享受与消遣，其背后均蕴藏有大智慧和大产业，中国白酒当然也如此。能在酒中悟到真理，成就事业，这才是"牛人"。

再比如说，中国白酒能征服外太空吗？

我认为能！当全球酒民都爱上了中国白酒，当全球"牛人"都进军中国白酒，当全球投资人都在布局中国白酒，当中国白酒成为全球热点，外太空文明（如果有的话）一定会选择尝试一下中国白酒。至于口感嘛，它们可能根本不在乎，它们在乎的可能也只是美妙的"酣"劲儿！

想想看，外太空文明看到了地球人发达的贸易体系，难道不想参与进来吗？要参与，就要懂得商务社交。这时，不喝点中国白酒，感情怎能加深呢？